U0214458

岭南文化读本

陈建文　主编

胡慧建
何　清
马海宾　主编
张　亮

岭南
动物植物

LINGNAN
DONGWU ZHIWU

SPM
南方传媒　广东科技出版社
全国优秀出版社

·广州·

图书在版编目（CIP）数据

岭南动物植物 / 胡慧建等主编. —广州：广东科技出版社，2023.4
ISBN 978-7-5359-7844-8

Ⅰ.①岭… Ⅱ.①胡… Ⅲ.①动物—介绍—广东②植物—介绍—广东 Ⅳ.①Q958.526.5②Q948.526.5

中国版本图书馆CIP数据核字（2022）第055849号

岭南动物植物
Lingnan Dongwu Zhiwu

出 版 人：	严奉强
项目统筹：	尉义明
责任编辑：	区燕宜
插画绘制：	MUMU 工作室
装帧设计：	琥珀视觉
责任校对：	于强强 曾乐慧
责任印制：	彭海波
出版发行：	广东科技出版社
	（广州市环市东路水荫路11号　邮政编码：510075）
销售热线：	020-37607413
http://www.gdstp.com.cn
E-mail：gdkjbw@nfcb.com.cn
经　　销：	广东新华发行集团股份有限公司
排　　版：	创溢文化
印　　刷：	广州市彩源印刷有限公司
	（广州市黄埔区百合三路8号）
规　　格：	787 mm×1 092 mm　1/16　印张13.25　字数270千
版　　次：	2023年4月第1版
	2023年4月第1次印刷
定　　价：	68.00元

如发现因印装质量问题影响阅读，请与广东科技出版社
印制室联系调换（电话：020-37607272）。

岭南文化读本

主　编　　陈建文

副主编　　崔朝阳　　王桂科

岭南动物植物

编写单位　广东省科学院动物研究所
　　　　　中国林业科学研究院热带林业研究所

主　编　胡慧建　何　清　马海宾　张　亮

副主编　刘曦庆　周长品　袁倩敏　张飞珊

编　委　（按姓氏音序排列）

陈　雷　陈仁利　陈　勇　陈远忠
范春节　顾茂彬　郭　昊　郭俊杰
何　栋　何继红　胡彩颜　黄桂华
黄佳聪　黄锐洲　姜清彬　姜仲茂
李光友　李晓泳　李意德　李宇翔
刘小金　卢春洋　孟景祥　孟诗原
裴男才　施国政　苏永新　孙　冰
孙卓伊　唐艺家　王春胜　王西洋
王晓萍　吴铙彤　许　涵　颜旭妍
杨　繁　杨锦昌　于　彬　张春兰
张礼标　张琼悦　张　涛　赵坤坤
赵志刚　周满迷　周　璋　周智鑫

前　言

　　生态文明建设是新时代中国特色社会主义的一个重要特征，是实现中华民族伟大复兴中国梦的重要内容。生物多样性保护是生态文明建设的重要组成部分，全面加强生物多样性保护工作、积极实施野生动植物保护，对科学合理有序利用生物资源，保障生态系统稳定健康，维护我国生态安全，满足人民群众生态环境需要，促进可持续发展，推进生态文明建设，进一步树立我国负责任大国形象，都具有重要意义。

　　全球物种灭绝速度不断加快，生物多样性问题在世界范围内受到了越来越多的关注。我国持续关注物种保护，推进美丽中国建设，近年来依托自然保护区、国家公园、国家植物园等项目建设，逐步构建了野生动植物保护体系，保护了自然生态系统中重要、独特的野生动植物资源。在《湿地公约》第十四届缔约方大会（COP14）上，习近平总书记发表致辞。随后，我国将生物多样性保护纳入国家战略，中共中央办公厅、国务院办公厅为此出台了《关于进一步加强生物多样性保护的意见》，这将进一步推动我国生物多样性保护的发展。

　　岭南地跨热带、南亚热带和中亚热带，为动植物的生长提供了优越的自然条件，因而动植物种类众多且富有地域特色。岭南连绵逶迤的山脉，或峰峦叠嶂、古木参天，或丹枫尽染、林寒涧肃，或有山间云雾造就云海奇观，让人如临大海之滨。这里生机盎然，是野生动物的天堂：白鹇在丛林间翩翩起舞；莽山烙铁头在阴暗处吐着信子；各种猛兽在林间若隐若现……这里也是众多珍稀植物的家园：桫椤历经沧桑穿梭亿年；木棉花开几树胜过初蒸云霞；格木铁骨铮铮百折不挠；凤凰木叶如飞凰之羽、花若丹凤之冠……开展岭南动植物资源宣传，是强化森林资源保护、改善野生动植物栖息环境、加强生物多样性保护、促进人与自然和谐共生的有效手段。

　　本书由广东省科学院动物研究所和中国林业科学研究院热带林业研究所的科研工作者合作完成，收集了部分富有岭南特色的野生动植物资源，涵盖珍稀动物和植物概况及特色珍稀物种的介绍，以条目的形式介绍了动植物的分类、保护利用、物种特色、经济价值、文化价值等，结合物种相关的历史、典故和民间故事娓娓道来，带领读者感悟平等、友善，敬畏生命，加深读者对生态文明、历史文化的认知。

　　本书适合自然科普工作者、自然保护区管理人员、农林院校师生阅读，亦可作为大中小学学生的科普读本。本书在编写过程中得到了中共广东省委宣传部、广东省自然资源厅的大力支持，广大自然科普工作者也给予了殷切关怀、热情帮助，在此一并感谢。由于时间仓促、编者水平所限，书中错误或不足之处在所难免，恳请读者对本书提出批评和建议。

编　者

2022年12月

目　录

一、岭南动物植物资源概述

岭南地处热带、亚热带季风气候区，地形复杂，动植物资源丰富。动物方面，截至2019年，广东共确认分布的陆生野生脊椎动物近950种，其中兽类约140种，鸟类590种，爬行类150种，两栖类60种；昆虫数量庞大，暂无确切统计数据。已确认物种（含昆虫）中，列入国家重点保

护野生动物名录的有189种，其中一级42种（兽类12种，鸟类26种，爬行类3种，昆虫1种），二级147种（兽类14种，鸟类110种，爬行类14种，两栖类3种，昆虫6种）；列入广东省重点保护陆生野生动物名录的有146种（兽类10种，鸟类107种，爬行类14种，两栖类12种，昆虫3种）。

植物方面，广东的主要植被类型有：热带季雨林、红树林、亚热带常绿阔叶林、常绿落叶阔叶混交林、针阔叶混交林、针叶林、竹林、灌丛和草坡，以及水稻、甘蔗和茶树等栽培植被。根据2017年出版的《广东维管植物多样性编目》中收录的数据，广东分布有维管植物269科2 028属6 846种，76亚种，521变种，14变型和16杂交种，共7 473条记录，约占全国野生维管植物总数的24%，是中国植物种类最为丰富的省份之一。广东野生木本植物也相当繁多，有142科666属3 212种，约占全国野生木本植物总数的43%，其中木本双子叶植物占绝大多数，木本裸子植物仅36种，木本蕨类植物8种，单子叶植物的木本种类179种。

（一）野生动物植物特点

1. 野生动物特点

第一，物种丰富且组成复杂，具交流特点。广东的野生动物总量居全国前列，但特有物种少，主要有以下原因：南岭是华南地区与其他区域的分界线，岭南在冰期是北方物种的避难地和交流通道；另有3条国际候鸟迁徙路线途经广东。

第二，空间上动物组成差异明显。粤北和粤西以山地动物为主，多兽类和两爬类动物，沿海候鸟和水鸟资源丰富。其中：韶关和清远的南岭山区、茂名的云开山、惠东的莲花山是山地动物的集中分布地，近年来在云开山和南岭山区多发现小型兽类和两爬类新物种；沿海具国际重要湿地价值的湿地多且多呈点状分布，水鸟多有集中分布，如汕头湿地、海丰湿地、深圳福田红树林湿地、广州南沙湿地、中山翠亨湿地、湛江红树林湿地，都有数万只水鸟生存或越冬；原来水田鸟类是珠江三角洲的一大特色，但随着水田面积的大幅度减少，优势不再，黄胸鹀数量锐减就是其中一个典型案例。

第三，部分物种具有一定的特色。鳄蜥，中国特有，在广东罗坑、林洲顶保护区有分布，总体数量位居全球第一，在保护上已达到人工繁育和野外放归的领先水平。

海岛猕猴，数量和分布在中国居首位，内伶仃岛等4个海岛上有分布。

水雉，又称为肇实鸡，因该物种在肇庆产芡实上繁殖而出名，一度拥有中国最大种群，但由于肇庆芡实产量大幅度降低而逐渐消失。

猫科动物，岭南一度是中国虎患最严重的地区，也是最有希望发现华南虎的地区，但在目前情况下发现的可能性极低；金钱豹保持有一定数量，且近期时常在不同地区有所发现，如信宜的云雾山、惠东的莲花山。

褐翅燕鸥和大凤头燕鸥，为中国和澳大利亚、新西兰之间迁徙候鸟，在汕头南澳岛上存在中国已知最大繁殖种群，数量过万只。

曾是我国最有特色的半岛热带雨林区——雷州半岛热带雨林，这里曾是虎分布密度最高的区域，但自20世纪50年代后，热带雨林基本消失，导致热带野生动物大量消失，包括虎、豹、巨蜥的消失，在很大程度上降低了广东野生动物的物种多样性和特色。

2. 野生植物及植被特点

第一，广东的植物资源种类丰富。广东的植物资源总量居全国第四位。主要有以下原因：

广东地处太平洋西岸，独特的季风气候带来丰沛的降水，气候温润宜人，夏无酷热，冬无奇寒，四季常绿，花果不断，是全球回归带上少见的绿洲。

气候地貌复杂。广东自然区域分布明显，形成南岭山地、岭南丘陵和雷州半岛台地3个区域，3个区域呈阶梯式由北向南逐级递降，并向南海倾斜。广东中北部与西部区域，分布有喀斯特地貌，其所形成的洞穴更是保存着大量珍稀与特殊的植物，如苦苣苔科植物。

第三纪时，广东所在的华南台地与马来半岛、苏门答腊岛、加里曼丹岛等区域陆地相连，同时广东植物区系与广西中部、东南部及福建西南部、中部，以及湖南南部、江西南部的植物区系关系最为密切，具有共同的起源。

第二，植物物种组成具明显地域性。广东地处热带与亚热带分界线上，北依南岭，南临热带海洋。北回归线横贯中部，具有北热带、南亚热带和中亚热带3种气候。由于地处东亚季风气候区，且整体地势北高南低，有利于海洋暖湿气流深入，形成丰沛的降水，植物种类资源丰富，分布着以热带和亚热带植物区系成分为主的常绿阔叶林，形成地带性森林植被特征。

北部为中亚热带典型常绿阔叶林，主要分布于北纬24°30′以北，即怀集、英德、梅县、大埔一线以北地区，以南岭、天井山、滑水山、车八岭、九连山为大面积分布。此外，粤东的山地与粤西的云开山北部也有分布。群落外貌四季常绿，常带有一些热带森林的特征，如沟谷可见桫椤、黑桫椤和野蕉等热带树种。林内优势树种明显，乔木层以樟科、茶科、壳斗科、木兰科和金缕梅科的常绿阔叶树为主。灌木层以山茶科、樟科、茜草科、紫金牛科、山矾科、杜鹃花科和竹亚科为主。草本层种类较简单，以蕨类植物为主。藤本植物常见鸡血藤、菝葜、龙须藤、藤檀、买麻藤等。中亚热带典型常绿阔叶林被破坏后，常被芒萁、杜鹃、马尾松等优势物种所替代。

南亚热带季风常绿阔叶林，主要分布在北纬21°30′～24°30′，即安铺、化州、茂名、儒洞一线以北，至中亚热带南缘。分布面积较大的有鼎湖山、黑石顶、七星岩、南昆山、新丰江、莲花山脉等地。组成种类较丰富，以樟科、壳斗科、桃金娘科、桑科、山茶科、大戟科、茜草科、金缕梅科、蝶形花科、苏木科、芸香科、梧桐科、杜英科、紫金牛科、冬青科、棕榈科和山矾科等为主。林内优势树种不明显，层次结构较复杂。草本层在丘陵低山以蕨类为主，在低丘、台地以禾本科为主。林内藤本种类丰富，如瓜馥木、小叶买麻藤、爬崖藤。附生植物较多。南亚热带季风常绿阔叶林被破坏后，以芒萁或鹧鸪草、桃金娘、岗松、马尾松等种类占优势。

热带季雨林，在北纬21°30′以南地区，即安铺、化州、茂名、儒洞一线以南，现零星分布于雷州半岛村落、庙宇等地。组成植物80%以上种类属泛热带成分，以大戟科、无患子科、茜草科、楝科、桑科、樟科、番荔枝科、梧桐科、桃金娘科、紫金牛科、芸香科等为主。垂直结构明显，分4~5层，乔木层树干高大挺拔，有高大的见血封喉分布其中，林中藤本、附生、茎花及绞杀植物常见，板根现象明显。

红树林，是生长在热带和南亚热带海湾、河口泥滩盐积化沼泽上的盐生森林植物群落。广东红树林属世界东方红树林区系，种类丰富，有39科48属56种。主要有白骨壤、桐花树、海桑、秋茄树、角果树、红茄苳、尖红树、长柱红树、木榄、海莲、海漆、银叶树、水椰及黄槿等。红树林的呼吸根和支柱根发育良好，少数种类还有板根。

第三，珍稀濒危植物各有特色。广东地处热带北部和亚热带南部，又面临广阔的热带海洋，受第四纪冰川影响程度不剧烈，广东不少古老植物种类得以保存下来，成为单种属的植物。这些植物在系统发育上处于较为孤立地位，进化缓慢，成为珍稀濒危物种。

同时特殊的地貌孕育了许多具有特色的物种，如奇特的喀斯特地貌形成了天然的物种保护洞穴，也保存有许多珍稀的物种，如报春苣苔（国家二级重点保护野生植物）、直蕊唇柱苣苔、石山苣苔、箭根薯、紫背天葵、大桥虎耳草等植物。近年来，广东喀斯特地区特有的植物新种也逐渐被发现，如大桥珍珠菜（大桥过路黄）*Lysimachia daqiaoensis*、阳山费菜*Phedimus yangshanicus*等。同时在丹霞地貌中，2019年也发现了新种丹霞天葵*Semiaquilegia danxiashanensis*（韶关丹霞山保护区）。

广东有珍稀濒危植物70余种，其中属于我国特有种的有近40种，这些濒危种一旦灭绝，就意味着一个物种的基因库消失。因此，保护珍稀濒危植物意义重大。

（二）野生动物植物变化趋势

相对于20世纪50—60年代，动物资源总量在下降，目前只有以往的1/2左右，而珠江三角洲地区的资源总量不足原有的1/4。自20世纪80年代开展封山育林、保护区建设以来，动物植物资源总量下降趋势有所缓解，在一些保护区域有逐渐恢复的势头，开展野生动物植物资源恢复技术研发与实施重大工程的条件已较为成熟。在不同地区由于具体情况的差异而出现不同变化，具体如下：

1. 野生动物变化趋势

在类群上，从2005—2010年监测和全国第二次陆生野生动物资源调查（2012—2019年）来看，广东鸟类总量基本保持稳定，秋冬季总量在1.5亿只左右，春夏季在0.5亿只左右，许多区域恢复趋势明显。兽类除少量物种外，总体上数量仍呈减少趋势，大中型猫科动物的衰退仍未遏制。两爬类也基本保持稳定，但龟类数量仍有减少趋势。在受保护区域，特别是省级以上自然保护区内的动物开始有明显的恢复趋势，这种趋势表现在个体数量的增加，但在物种种类上表现不明显，且多是常见物种，如野猪、赤麂、松鼠、鹌类、鹭鸟等的数量在增加，但由于缺乏大型食肉目动物，野猪出现成灾趋势。

一些开展森林城市、生态城市建设的大型或超大型城市的城区及周边动物种类数量和个体数量有增加的趋势，如广州、深圳、肇庆等地。绿道和景观林带建设对当地物种的保护和恢复有一定的帮助，促进了蜥蜴、林鸟（鹌类、斑鸠、相思鸟）等数量的增加。森林城市群建设虽改善了野生动物生境，但应有的作用暂时还未得到充分发挥。

水田和自然湖泊的消失对一些伴水性动物影响巨大，直接导致一些鸟类濒危，如水雉、秧鸡、大雁、天鹅等，广东已多年未见到越冬的大雁和天鹅。沿海滩涂的减少也影响着沿海水鸟和候鸟的数量。

热带雨林及其野生动物保护总体上仍处于空白，但由于保护地建设，出现了热带雨林及其野生动物资源恢复的苗头，如原鸡等代表性物种开始有所增加。

2. 野生植物变化趋势

1998—2001年，广东国家一级重点保护野生植物调查结果显示，原来在广东有分布的仙湖苏铁、银杏、南方红豆杉、合柱金莲木、伯乐树、报春苣苔、水松、异形玉叶金花和台湾苏铁9种国家一级重点保护野生植物，只找到前6种，植株数量合计123 468株，除仙湖苏铁和报春苣苔分布点没有变化外，其他7种分布点丧失率为20%～100%。除南方红豆杉属于正常种群外，其余8种分属于野外绝迹、濒临绝迹或濒危种群。

2014—2019年，广东第二次野生动植物资源调查结果显示，因近年新一轮的绿化广东大行动、珠三角国家森林城市群建设、自然保护地体系建设等重点生态工程，全省野外资源种群呈现稳步增长态势，发现植物新种46种，以及保护植物新分布点一批。在韶关南雄发现百株以上野生丹霞梧桐新分布地，在南岭发现南岭叠鞘兰、南岭头蕊兰、广东兜兰、佛冈拟兰等8个新种和16个新分布物种。

2017—2018年，在广东（粤西北与粤西）34个石灰岩洞穴植物调查中发现维管植物83科，176属，324种（含亚种和变种），且这些植物在科级和属级的水平上，表现出很强的热带性质。2019—2020年，在雷州半岛风水林共记录到维管植物64科，2亚科，143属，190种，其群落结构主要由少数优势种与丰富的稀有种组成。2003—2010年，粤东的植物调查共记录到野生种子植物187科，824属，2 226种。2004—2008年，对广州区域扩大后的首次调查结果表明，区域内共有植物2 325种；2019年开始的全市范围第二次植物本底调查，补充了文献及标本记录的种，又发现广州新分布64科126属151种野生维管植物。同时，2010—2017年，出版的4卷《深圳植物志》也记录了深圳市维管植物2 800多种。

近四年（2019—2022年）来，广东陆续发现新种30种，涵盖了粤北、粤西、粤东与珠江三角洲四大区域，其中以粤北（16种）发现新种数量最多。其中，在河源紫金县白溪省级自然保护地海拔550～660米的坡边、溪谷，发现两种极度濒危兰科新物种，分别命名为"广东舌唇兰""紫金舌唇兰"。

（三）野生动物植物特色工作

1. 野生动物方面

野生动物园和动物园的管理、经营、运作在国内领先，品牌效应明显。在野生动物保护上具有创新精神，在国内和国际最早提出城市动物恢复理念和想法，并在多地开展实践工作，其中广州开展的动物进城在全国各大城市中具有示范意义。

广东最先构建具3S网络（源——Source，汇——Sink，脚踏石——Step-stone）体系的粤港澳大湾区水鸟走廊。在广州成功建设森林城市的基础上，建设珠三角国家森林城市群，提高了野生动物保护能力。广东鳄蜥保护成果明显，在技术和实践上处于全国领先地位。沿海的黑脸琵鹭保护成效突出，其越冬地和种群数量不断增加。人工繁育动物管理能力及养殖技术具有较高水平，在猕猴、食蟹猴、梅花鹿、眼镜蛇、鳄鱼、豪猪、竹鼠等人工繁育技术上有较多突破。

广东自然保护区管理的规范性表现出较高水平，在全国具示范作用，在野生动物保护上作用明显，具备开展野生动物资源恢复行动的能力和潜力。广东专家团队的野生动物调查能力和水平突出，在全国第二次陆生野生动物资源调查的专家组中，是除北京和东北外最重要的技术力量，并先后主持了福建全省、西藏喜马拉雅和羌塘地区野生动物资源调查等。

广东是全国首次开展全省性禁猎野生鸟类工作（3年）的省份，并在2019年又开始第二期工作，总体效果明显，非法猎捕现象大量减少，在一些农村和山区周边，鸟类数量增加明显。广东坚持开展了5年全省性鸟类监测工作，是全国首次在省级范围开展相应工作的省份，除掌握鸟类动态外，还发现广东鸟类种类和数量自2005年以来有增长趋势，并培训了一支由保护区人员组成的野生动物调查队伍，调查能力在全国保护区位居前列。

广东拥有华南地区唯一的野生动物研究机构——华南濒危动物研究所（现为广东省科学院动物研究所），一直在动物资源调查、宏观生态和资源恢复上具全国性优势，是全国最早开展动物生态恢复的机构。

2. 野生植物方面

改革开放以来，历届广东省委、省政府高度重视生态文明建设，省林业有关部门推出一系列保护措施，1999年，在全国率先实行生态公益林效益（包括天然林保护和新营建公益林）补偿，并建立各级各类自然保护地。针对广东一些野生珍稀濒危植物生存境况告急的问题，省林业局大力实施重点保护野生植物极小种群拯救保护工程，加强栖息地和野外资源保护，建立诸如丹霞梧桐、猪血木、观光木、仙湖苏铁、水松、喜树、笔筒树等"一地一种""一区一品"的就地保护模式，并组织开展人工繁育，进行迁地保护，双管齐下实施保护。

国家先后批准在广东建立国家苏铁种质资源保护中心、兰科植物种质资源保护中心、木兰植物保育基地、世界珍稀野生动植物种源基地等国家基地。这些基地均成为国内迁地保存专类植物最多的单位，其中国家苏铁种质资源保护中心迁地引进保存苏铁类246种，收集中国苏铁属近200个群居2 000多份分子材料。

广东南岭国家级自然保护区作为华南地区最重要的动植物基因库，在保护珍稀植物方面也作了不少贡献。至2021年，广东共计建立国家级和省级等自然保护地1 362个，占全省面积的16.39%，成为全国保护地数量最多的省份。广东坚定不移地走绿色发展之路，确立生态立省、建成绿色生态第一省目标，"十三五"期间生物多样性保护取得显著成效。"十四五"期间，将继续加大生物多样性保护力度，在保护珍稀野生植物方面，将依靠中心和基地的平台建设及保育能力提升，完成种质资源的收集和保存、68个珍稀种及重要南药野生植物资源的重点调查、30个珍稀特有种的批量种苗培育和种群复壮、3～5个珍稀特有种保育学研究和推广示范。

《广东省重点保护野生植物名录》等法规出台，初步形成"以《森林法》为核心，以配套法规为辅"的法律法规体系，使野生植物保护管理的各项工作走上规范化、制度化轨道。严厉打击破坏野生植物资源的违法行为，加大野生植物及其生长环境保护力度，加强野外资源调查、监测、保护，坚持以重点物种保护工程带动野生植物资源普遍保护，促进资源的逐步恢复和发展。

崔坚志 摄

（四）野生动物植物保护对策

在森林保护方面，积极建立各种林地类型保护区间的生态廊道，严格保护原生林区和次生林区。广东的自然生产力很高，只要次生林禁伐时间超过20年，许多次生林就能为野生动物提供非常重要的栖息环境。除加强制度建设和保护宣传外，利用广东大力建设国家公园和自然保护地的机遇，着手建立栖息地的补偿制度，同时在当地推进生态文化和生态文明的宣传和实施，切实从文化和生活方式上增强当地人的保护意识。

进一步加强广东野生动物资源的调查和监测工作，现已有部分区域（含保护区）开展了一些真正意义上的系统调查，但受资金和人力资源的限制，全区域系统性调查仍缺失，特别是缺少监测而难以掌握动态。只有通过长期监测才能有效地把握资源动态，及时提出生态恢复和资源利用的科学对策。除进一步加强森林类保护区建设和保护外，积极保护原生性溪流、湖泊及其滩涂地，特别要严格限制各类工程对自然溪流、湖泊和沿海滩涂地的侵占；在水库、人工库塘和沿海湿地等区域，开展生态改造和水生动物（如鸟类、龟鳖及两爬类）的恢复工程，在利用的同时，为候鸟、水禽和其他水生动物提供必要的栖息地。进一步加强红树林保护区建设和保护，在沿海要积极保护原生性的滩涂地。

积极开展生态廊道建设，推进生态廊道建设规范研究与应用：一是开展针对道路和电站等切割的生态廊道建设，在一些重要的动物交流通道位置上建设廊桥，并在电站水渠建覆盖通道等；二是将各保护区域联通，扩大野生动物的生存空间；三是开展与外界交流的生态廊道的建设，从而打通省内动物与省外动物生活上的联系，并为消失的原物种的重引入和恢复提供条件。尽快开展小水电退出工作，同时对现有的水电站提出生态放水的概念，即引水发电时，要确保1/5～1/3的水量下排，以满足电站下游水生野生动物生存的需求。

在生态文明和生态环境建设中积极培养"野生动物"意识。动物位于生态系统顶层，故在各市县生态建设和生态修复工作中要引入动物元素，以动物的生态功能和生境需求来构建和指导生态恢复工作，培养和推广"动物需求意识"，从而使生态系统和生物多样性更为完善，更能体现人与动物和谐，环境的宜居。

积极主动开展动物种群恢复工程，包括：消失物种的重引入和栖息地重建；濒危物种的解濒（即摆脱濒危状态）恢复工程；经济物种的种群复壮和再利用；野生动物的人工繁育和野外放归等。这里特别值得提出的是人工繁育，由于部分地区人工繁育水平较高，可考虑利用人工繁育技术开展消失物种重引入，如华南虎、豹、云豹和金猫等的引入。

建立省级自然保护地的监测与评价体系，对生物多样性及自然资源的变化进行网格化长期动态监测，建立数据共享平台，并定期发布保护成效等方面的监测评估报告。利用森林城市群建设成果，充分利用好城市绿地和公园等开展野生动物保护与恢复工作，利用广州野生动物进城工程所积累的经验和技术成果，在森林城市建设中积极提升城市野生动物多样性水平。

加大广东的珍稀物种的保护力度，重点加大自然保护区的建设和管理力度，对脆弱的生境实行封山育林。应加强对珍稀植物的引种驯化，扩大珍稀濒危植物的种群数量。建立入侵植物防控管理体系，联合科研技术单位对入侵植物进行防控，从基层出发，动员基层植物管理人员与护林员对入侵物种进行清除，并通过相关的科普活动，防止公众无意传播入侵物种，从而保护广东乡土植物与广东自然生态系统。

二、岭南动物

（一）兽中之王——虎

中文名 ‖ 虎

拉丁学名 ‖ *Panthera tigris*

别名 ‖ 老虎

科 ‖ 猫科

属 ‖ 豹属

保护级别 ‖ 一级

虎可能早在200万年前已进化出来，一度广泛分布于亚洲各地，已知共有9个亚种，即东北虎（西伯利亚虎）、华南虎、新疆虎（里海虎）、孟加拉虎、印支虎、马来虎、苏门答腊虎、巴厘虎和爪哇虎。但如今，新疆虎（里海虎）、巴厘虎和爪哇虎已经宣布灭绝，而华南虎则已有30年未见野外踪迹。我国分布有东北虎（西伯利亚虎）、华南虎、新疆虎（里海虎）、孟加拉虎、印支虎，其中广东是华南虎的重要分布地和最后的消失地，也是华南虎野外种群恢复的希望之地。

虎作为中国最大、最强的捕食者，时常让人望而生畏，并常作为图腾崇拜或文化信仰。《说文解字》称："虎，山兽之君也。"因此当中华民族有了文化的时候，虎文化也随之出现。但在另一方面，虎往往被当作害兽，遭受捕杀。我国在20世纪40年代后，曾在许多有虎分布的县市成立打虎队并以打虎为荣，这直接导致虎大量消失，最终导致新疆虎灭绝和华南虎功能性灭绝（功能性灭绝，指一物种由于数量锐减，已无野外个体生存，已在生态系统中丧失了生态功能）。

莫嘉琪 摄

莫嘉琪 摄

　　虎因为额头有黑色斑纹类似"王"字，加之为最强的捕食者，被中国人称为"百兽之王"。在人们心中，虎是森林王者，是最自由、最任性的动物，实则不然。

　　首先，虎并不喜欢山地。但事实上，中国绝大多数虎在山中生活，为什么？这是虎与人类竞争失败的结果。其实，虎更喜欢平地，在山中也不喜欢爬山，所以喜欢沿山脊活动。在广东历史上虎密度最高的地方，是多平地的雷州半岛，而不是多山的粤北南岭地区。即使在南岭，多虎的地区为低山丘陵。在印度、尼泊尔等地，虎多分布于平原的稀树林区。

　　再者，虎捕食并不易。据现有的研究统计，一般情况下，虎的捕食成功率在30%以下，即三次出击只有一次成功，这又是为什么呢？自然界是个适者生存的世界，虎的食物来源主要是大中型偶蹄目动物，如水鹿、野猪、羚羊等，这些动物在长期的进化过程中，为适应虎的捕食，已具有很强的反捕食能力，如要么拥有灵敏的听力，要么拥有很好的嗅觉，要么拥有快速的奔跑能力，而且这些动物还往往具有相互报警的能力，这使得虎在捕食时困难重重。

最后，虎是独行者。一般而言，一山不容二虎，尤其是两只同性别的虎。作为独行者，虎是要守卫领域的，领域范围受食物密度影响。虎一旦在领域内发现有其他虎的存在，战斗随即爆发，除非其中一只虎迅速离开。但也有例外，即一只雄虎可能与2～4只雌虎有部分领域重叠，而在雌雄相遇时可相对和平。这样对繁殖是有帮助的，可减少繁殖期雌雄虎相遇的成本。

为了守卫领域及发现猎物，除了捕捉到猎物而休息那几天，虎每天都会在领域边界附近移动。虎走完自己的领域，一般需要20～30天，在这期间能成功捕食1～2次。为了节省体力，虎在山中多是沿着山脊移动，因此，在山中要找虎，则需在山脊处。在非连续的山脊是不太可能发现虎的踪迹。

从以上情况可以看出，虎在野外的生存并没有我们想象中的那么容易，即使是百兽之王也需付出努力才可能获得生存之机。与此同时，由于虎的行为非常有规律，而且在行走时缺少相应的警惕，故容易被猎人猎杀。在我国山区流传着一句话："一猪二熊三老虎。"这是指猎杀的难度与风险度的排名。

如今虎的生存危机已受到全球的关注，而保护华南虎并恢复其野外种群已开始提上日程。虎的消失对人类而言不仅是一个物种从地球上消失，而且其将带来生态功能丧失而导致有害生物增长。人类与野生动物间建立了某种天然的联系，这种联系所衍生出来的某些特有文化，值得我们去发掘、保存，甚至传承。因此，请大家更多关注虎的命运，更要支持华南虎人工种群的繁育和野外种群回归与恢复，由此期待一个生态美好、生物多样及自然和谐的未来。

（二）树中魅影——豹

中文名 ‖ 豹

拉丁学名 ‖ *Panthera pardus*

别名 ‖ 豹子、金钱豹

科 ‖ 猫科

属 ‖ 豹属

保护级别 ‖ 一级

豹因其身体上有近圆形黑色斑点，在我国常被称为豹子、花豹。豹在中国传统文化中是速度与智慧的象征，许多优秀将领会用有"豹"字的称号，如豹子头林冲。

在自然界中，豹在捕食行为上展现出可圈可点的智慧。它善于隐蔽，身体的色斑与环境融为一体，走路几乎悄无声息，如同魅影般存在，常在猎物不知不觉间发动突袭；它敏于行动，具有良好的爆发力和决断力，能在瞬间加速并快速解决猎物；它强于体格，能够用嘴咬住并拖动比自身重的猎物，一只体重70千克左右的豹能拖动100千克左右的黄牛；它精于上树，能够将猎物带上树而从容就食，从而摆脱老虎和狮子的威胁，还能从树上对猎物发动袭击。正是基于以上特点，使得豹成为地球上现存的最为成功的捕食者，它及其近亲在欧亚非大陆广泛存在。

莫嘉琪 摄

　　然而，豹多与虎和狮子同域分布，在野外受到虎和狮子的威胁，一旦遇到虎和狮子，多有生命危险。为应对威胁，豹在行为上出现明显的适应性特点：一方面是在行走时，多有警惕性行为，边走边四处张望并时时向后观望，以便随时发现和逃离威胁；另一方面是快速上树，一旦发现有威胁存在，会尽快就近上树以躲避威胁；最后是一旦捕到猎物，会经常性将猎物带上树，在树上享用美食，以避免食物被抢而饿肚子。

　　豹和虎一样，都是独行者，具有很强的领域意识。在岭南地区豹的领域范围一般在20千米^{2}以上，远小于虎的领域。与虎相似的是，一山不容两同性豹，异性豹间会有部分领域重叠，也是便于繁殖的需要。但相对来说，豹的生存状况相对要好于虎，在我国多数著名的山区皆有豹的分布，而且数量相对可观。

　　豹也喜欢在平地草原或草灌地中活动，由于经常会捕食家畜，因此与人类的冲突较大，也经常遭受猎杀，这是豹濒危的重要原因之一。

吴嘉琪 摄

莫嘉琪 摄

豹的爪如同砍刀，抓捕猎物时会在其身上留下诸如刀切般的痕迹，肉不外翻。从进攻位置来说，豹进攻后会咬住猎物喉咙，一方面是控制猎物，另一方面是尽快放血以杀死猎物，这样就会在喉咙处留下两个牙痕。

尽管豹在野外有时会袭击家畜，但是，我们也要清醒地认识到，这种动物现被列入国家一级重点保护野生动物。从野外调查上看，它仍有灭绝的风险。所以，我们要处理好这些猛兽为害与它们保护之间的矛盾，保护优先、和谐共处是我们的长期原则。

（三）忠字当头——豺

中文名 ‖ 豺

拉丁学名 ‖ *Cuon alpinus*

别名 ‖ 印度野犬、亚洲野犬

科 ‖ 犬科

属 ‖ 豺属

保护级别 ‖ 一级

豺是2020年被列入国家一级重点保护野生动物名录的，而在这之前被列为二级。显然豺在近年来呈现出一直下降的趋势，并且在许多地区已消失。所幸的是，在广东地区一直存在，但数量稀少，呈濒危状态。这种情况有两个方面的重要原因：一方面豺是群体性物种，对群体表现出极为忠诚的一面，因为群体需求而带来食物需求大，活动的范围大，因此在许多野生动物多样性快速下降地区难以生存；另一方面豺活动范围常有村庄存在，因此，经常会捕食家禽、家畜，与人类的冲突明显，也就容易成为人类的捕杀目标。

我出生在浙江山区，自小时候就从大人口中听说了豺的故事。说豺一直在森林里出没，成群出现，在夜间走山路时会经常遇到。在遇到豺时，它会跟在人的后面，但不可回头，只要回头就会受到攻击。由此，我养成了在野外调查、夜间走山路时，除了不得已，一般不回头的习惯。

梁嘉琪 摄

同时，我还听说另一个故事，用来说明豺作为群体性动物，攻击时配合的默契。豺敢于攻击虎，而且很有策略。当豺攻击虎时，会采取围攻模式。往往一头在前面引诱虎攻击，而两侧有2~4头豺保护迎头攻击的豺，使得虎难以顾及尾部。而在尾部则常有2头以上豺隐蔽式攻击，而且直击肛门。虎在顾头不能顾尾的情况下，最终肛门会被豺成功攻击，内脏被拉出，最后因失血过多而亡。这个故事听起来令人毛骨悚然，但也清晰地展现出豺攻击猎物时的过人智慧与精于合作的精神。这个故事源于猎人，可能是真的。

我对豺的认识缘于一次华南虎的调查，让我印象深刻。2005年为了华南虎调查的需要，我们想去阳山访问广东曾经的打虎英

英嘉琪 摄

雄"老虎邓"，同时也察看可能是华南虎最终消失的区域。那是我第一次走进清远的大山。在阳山的一个小镇中，我们到达时，当地羊群刚遭遇猛兽袭击且留存新鲜残体。于是，我们很快到达镇政府，而当地人则迫不及待地讲述了两天前羊群遇袭，羊被咬死咬伤的事件。没人能说清楚是什么动物所为，都认为最大的嫌疑者是华南虎。听闻后，我们很快抵达事发现场，都被吓了一跳，羊群死伤惨烈：头部被咬掉半个，眼、鼻、嘴皆无；臀部大开，内脏皆无，身体内腔空空如也，唯四肢和体架保存较完整。

到底是什么动物干的？这难倒了众人，就连经验丰富的袁喜才研究员一时也未能确认，他曾在20世纪90年代带队开展过华南虎调查。直到几年后，我们仔细研究了豺、狼、熊、豹和虎等，并取得豹和熊的食物残骸时，谜团方才解开：应该是豺，它先吃内脏后吃肉的习性给了我们线索。"臀部大开，内脏皆无，身体内腔空空如也，唯四肢和体架保存较完整"则是豺猎杀猎物后典型的特征。而这个谜起至谜解，用了10年时间，这是我们在野外调查的同事们不断地进行信息积累的成果。

（四）石山的灵猴——白头叶猴

中文名 ‖ 白头叶猴

拉丁学名 ‖ *Trachypithecus leucocephalus*

别名 ‖ 白头乌叶猴

科 ‖ 猴科

属 ‖ 叶猴属

保护级别 ‖ 一级

白头叶猴是我国特有的灵长类，也是目前世界上最濒危的灵长类动物之一。

白头叶猴具有典型的叶猴形态，体形纤细，体毛以黑色为主，脸上有白色的颊毛，头顶和颈肩部的毛发呈灰白色或淡黄灰色，形如戴着一顶白色的小帽，其名称也由此而来。白头叶猴尾巴的上半截为黑色，下半截是灰白色或淡黄色，一头一尾的白色让它在自然环境中尤其独特。

白头叶猴的幼猴与成年个体差别很大。刚出生的幼崽毛色为金黄色，耳、面部、手和足的裸皮为粉红色，头顶中央的毛发略微向上延长呈一个小的尖冠，显示出白头叶猴幼崽与其他叶猴的不同。幼猴通常在母猴的怀抱中成长，最长可随母猴生活到6月龄，之后会逐渐地独立生活。随着幼猴的成长，至1岁左右身体的毛色逐渐褪去金黄的外衣，体色从灰黄色、灰色直至变为与成年白头叶猴一样的黑色，头部也由金黄色变为极淡的黄灰色或灰白色。

梁霁鹏 摄

　　白头叶猴通常是集群生活，社群是一夫多妻制。白头叶猴的猴群并不会太大，通常是5～6只，在环境最好的区域也只有10多只，不会超过20只。猴群中只有一只成年的公猴，通常人们把这只公猴视为猴群的猴王，还有数只成年的母猴，和一些未成年的小猴。小猴在成长至三四岁成年以后，母猴仍会留在猴群中一起繁殖后代，而公猴则会被驱离猴群。离群的公猴需要与其他的成年公猴争夺猴群的支配权，这一过程通常需要经过激烈的打斗分出胜负。若新来的公猴打胜了，就会成为新的猴王；但若打输了，小公猴只能再次离开猴群，与其他一些无法成为猴王的公猴一起组成一个临时的猴群。如果猴群在打斗中变更了猴王，新的猴王通常会有杀婴行为，通过杀死未成年的小猴，来迫使猴群中的母猴尽快与其交配，繁殖自己的后代。

　　白头叶猴分布于广西南部左江和明江之间一个十分狭小的区域，包括扶绥、崇左、宁明和龙州4个县（市），目前只在广西崇左白头叶猴国家级自然保护区的岜盆片区、板利片区和大陵片区，以及广西弄岗国家级自然保护区陇瑞片区记录到白头叶猴的猴群。这里独特的喀斯特地貌，在石山崖壁上有众多的岩溶石洞，为白头叶猴的栖息和繁殖提供了充足的场所；丰富繁茂的亚热带植被，能够一年四季为猴群提供足够的食物。

白头叶猴主要在白天活动,夜晚回到山崖上的岩溶石洞中休息。每天清晨猴群在猴王的带领下,从石洞中攀岩而出,到山崖附近的大树或灌木上采食。白头叶猴的食物以树叶、嫩芽、野花和果实为主,由于这类食物在它们活动区内相当丰富,所以猴群采食时不会有太大的争夺压力,通常边进食边玩耍。吃饱后的猴群通常会在大树或石壁上开展社交活动,如贡献食物给猴王,为社群中地位更高的猴子梳理毛发、捉寄生虫等。中午日照强烈时,猴群可能会回到岩洞或树荫下休息,待午后再开始玩耍和采食。猴群会在黄昏之前回到栖息的石洞附近,并在猴王的警戒下进入洞中睡觉。

由于白头叶猴分布区狭窄,且生境要求特殊,使得其从黑叶猴的亚种提升为独立的物种后,便一直处于濒危的状态。1977年调查时,作为黑叶猴亚种的白头叶猴种群数量为633只左右。早期对野生动物的保护不够到位,白头叶猴受到了人为干扰和非法捕猎等压力,种群数量持续下降。1999年的调查数据,白头叶猴的种群数量下降到580~620只。自白头叶猴提升为独立的物种后,世界自然保护联盟濒危物种红色名录(IUCN红色名录)将白头叶猴列为极度濒危等级,我国也将其列为国家一级重点保护野生动物。2003年,在国家林业局和国际技术援助项目的支持下,国内专家和保护区团队携手对白头叶猴种群再次开展了种群数量调查,结果显示白头叶猴在两个保护区内的数量为72群633只左右,种群数量能够逐渐维持现有的状态而不再下降。随着进一步加强保护,2010年,白头叶猴的种群数量增加至937只,2017年,继续增长,数量达1 207只。

（五）丛林的孤独歌者——海南长臂猿

中文名‖海南长臂猿

拉丁学名‖*Nomascus hainanus*

别名‖海南黑冠长臂猿、撩梆猴

科‖长臂猿科

属‖黑冠长臂猿属

保护级别‖一级

海南长臂猿是我国特有的长臂猿，也是目前世界上现存数量最少的长臂猿。海南长臂猿的雌雄个体区别明显。雄性全身黑色，脸颊有少许白色或浅黄色的颊毛，头顶有明显的冠毛；雌性的体毛为黄灰色至淡棕色，腹部色浅，头顶具有明显的浅黑色冠斑。健康的海南长臂猿寿命可达30年。

海南长臂猿的毛色自出生起有多次变化。刚出生的小猿全身金黄色，仅头顶一簇黑色；生长至半岁左右，毛色开始逐渐变黑，直至全身黑色。这一身黑色的毛发将伴随小猿至七八岁性成熟，而后毛色会根据小猿的性别出现不同的变化，雌性个体又换回黄色的体毛，雄性个体则保持一袭黑衣。成年雌性会留在家族群中，雄性则会离开家族群，独立地生活并尝试通过争夺其他猿群的领袖位置建立自己的家族群，若未能成功，则可能在很长时间内孤独地生活。

海南长臂猿以往遍布海南岛，目前海南长臂猿的分布区已经退缩至海南霸王岭国家级自然保护区中海拔650～1 200米的山地雨林中，是已知长臂猿中分布海拔最高的一种。

海南长臂猿一生中大部分时间都在十几米高的树上度过。有别于其他长臂猿的是，海南长臂猿营家族式生活，一个家族常年都占据一大片森林，不会随着季节变化而长距离迁移。海南长臂猿一个家族群

卢刚 摄

卢刚 摄

通常有3～5只，在产仔后最大群8～10只。它们的社群配偶制为"一夫多妻"制，通常是由1只成年雄性和2只成年雌性组成。但在受到较大的环境胁迫或外界干扰时，海南长臂猿社群会转为"一夫一妻"制。

和其他种类的长臂猿一样，海南长臂猿之间通过洪亮的鸣叫声交流。古诗有云："两岸猿声啼不住，轻舟已过万重山。"描述的正是唐代诗人李白乘船经过长江时听到长臂猿高声呼喊、传递信息的场景，有感而作。

海南长臂猿喜欢吃鲜嫩多汁的热带植物果实，也取食嫩叶、花苞，有时也吃一些昆虫或者其他无脊椎动物，若偶然被它们发现了鸟窝，鸟蛋也会被猿群分食。海南长臂猿极少下地取食或饮水，通常嫩叶、水果中的水分，以及每天清晨植物上凝结的露水已足够海南长臂猿水分的需求。

（六）丛林中的精灵——坡鹿

中文名‖坡鹿
拉丁学名‖*Cervus eldii*
别名‖眉杈鹿、眉角鹿
科‖鹿科
属‖鹿属
保护级别‖一级

坡鹿仅分布于海南岛，体形与梅花鹿有些相似，体色棕褐色或棕黄色，夏毛鲜艳，有少许白斑，冬毛暗灰褐色或深褐色，白斑不明显。雌性无角，雄性具简单而独特的角，眉枝与主干夹角大于90°，呈弯弓形。

在漫长的历史中，学者们都不知道坡鹿的真名。直到20世纪60年代才知道当地群众早就称之为"坡鹿"。坡鹿主要栖居于海拔200米以下的丘陵坡地或平地，在海南方言中"坡"就是"平地"的意思，故这种鹿才有"坡鹿"之名。

坡鹿也被称为"望着你的鹿"，坡鹿在受到干扰时，有时并不会马上逃走，如果没看清干扰目标的意图时，还会停下来，或靠近观看，然后再逃走或在原地活动。关于海南坡鹿有一个黎族美丽的爱情传说，传说中坡鹿被猎人追捕时突然停步，站在山崖处回过头来，变成一个美丽动人的黎族少女，后来与猎人结为恩爱夫妻。从此"鹿回头"以坚贞爱

慈嘉琪 摄

情的象征而名扬于世。

由于坡鹿被夸大了保健功效而遭到大量猎杀，1976年仅剩44只，动物濒危等级被评为极度濒危。政府及时建立了两个保护区——大田和邦溪保护区，极力保护坡鹿。

1981年，邦溪保护区最后一头坡鹿被猎杀。在无比痛心的同时，广东省科学院动物研究所袁喜才研究员主动提出挽救极度濒危的坡鹿。其1984年主持了"海南坡鹿生态驯化和保护利用"项目，这一力挽狂澜的举措让当时处于危险处境的坡鹿转危为安。

除了利用围栏将坡鹿与当地百姓的劳作、生活圈隔离，有效减少被猎杀的危险之外，袁喜才研究员还利用坡鹿喜食盐和杂草的特性，在圈地里建起人工盐土堆，种植优质牧草，开挖水池，吸引坡鹿前来保护区内。

由于远距离观察难以真正了解坡鹿的一些具体生活习性，袁喜才研究员便提出驯养坡鹿。可是坡鹿警惕性高，跑得又快，很不容易被抓住。终于有一天，袁喜才研究员把一只正在吃奶的坡鹿抱回了家，小鹿被保护区工作人员亲切地唤作"袁生"。

小鹿的"哺乳"是亟待解决的问题，袁喜才研究员急中生智，找来一只正在哺乳期的母山羊来当小鹿的"奶妈"。为了让小鹿吃羊奶，大家想了不少办法，最后小鹿乖乖"认羊作妈"，吮吸起了羊奶。用羊奶喂养的方法，保护区的工作人员救助了不少失去妈妈或者迷路的小鹿，小鹿的成活率是100%。而且这种方法的探索对建立驯化坡鹿种群，以及深入地研究坡鹿的生物学特性和它的迁地保护也意义重大。这一国内首创的坡鹿挽救措施，挽救了一个濒危物种，袁喜才研究员也因此被亲切地称为"坡鹿之父"。

如今，早已退休的袁喜才研究员还会经常回到海南，因为看到满山奔跑的坡鹿，是他感到最为宁静和开心的时刻。虽然海南的坡鹿种群得到了恢复性增长，但是保护坡鹿还不能放松警惕，保护坡鹿仍然任重道远。

（七）播香者——林麝

中文名 ‖ 林麝

拉丁学名 ‖ *Moschus berezovskii*

别名 ‖ 南麝、森林麝、香獐

科 ‖ 麝科

属 ‖ 麝属

保护级别 ‖ 一级

林麝看上去像小山羊，俗名獐子或香獐，是我国的特有物种，同时也是国家一级重点保护野生动物。林麝雄性和雌性头上都没有角，雄性有突出的上犬齿，这尖利的獠牙像吸血鬼一样，但其实它们都是食草动物，而且是名副其实的胆小鬼。一些林麝的养殖人员说，林麝非常害怕陌生的人，每当有人来参观养殖场，它们就会躲起来，有时候被吓得一边跑一边撒尿。

林麝拥有很高的经济价值，全身褐色，被毛粗硬，皮毛并不好看，但大家看到它名字中的"麝"字，应该能联想到耳熟能详的麝香。没错，麝科动物就是产麝香的物种，麝香是雄性麝香腺的分泌物，麝科的动物雄性脐部和生殖器之间有香囊，麝香就在里面分泌，林麝也不例外。麝香分泌出来的时候是一种浓稠的液体，我们一般看到的麝香是干燥后的，变成了棕褐色或黄棕色的粉末。麝香是四大动物香料（麝香、灵猫香、海狸香和龙涎香）之首，也是一种名贵的中药材，具有很高的药用价值和经济价值，因为产量极少，又被人们称为"软黄金"。

说到这里大家不禁会担心，这些能生产"软黄金"的林麝，它们的命运会很坎坷吧？我国作为林麝资源大国，其实早在西周时期就有对于麝

孟智斌 摄

外形的描述。《尔雅》记载："麝父，麇足，脚似麢。"古人钟爱麝的香味，根据《新唐书·地理志》和《马可波罗游记》等史料记载，唐代到元代时期陕西等地的林麝资源相当可观，这一时期的麝香质量优良，常常被当作贡品上贡到朝廷。然而从清末开始，有关林麝的记载开始减少，到了中华民国时期，有关野生林麝的记录消退明显，林麝逐渐濒危。

有研究显示，造成林麝数量严重降低的原因是多方面的。首先，20世纪初，我国各地森林采伐加剧，林麝作为林栖动物，栖息地逐渐减少。其次，麝香价格曾一路飙升至黄金数倍，多数猎人在惊人价格的诱惑下开始了对林麝的疯狂猎杀以获取麝香，野生林麝的数量逐年下降。

由于野外林麝资源急速下降，且社会对麝香的需求非常旺盛，因此在20世纪50年代，我国为应对麝香供需矛盾问题便开始了对林麝的人工驯养。在经过半个多世纪的养殖摸索及探究后取得了较大成就。截至2017年，人工饲养的林麝存栏量近2万只，且林麝的养殖规模还在不断扩大。麝香提取技术也得到了发展，与原来杀一取一的麝香提取方法不同，现代麝香都是活体提取，不会对林麝造成致命损伤，经过一段时间的休养，林麝的身体会重新分泌麝香。

过去的猎人说，以前在有林麝的山里，每年8—10月，林间会有淡淡的香气，那正是林麝交配的季节。麝香大概是它们用来吸引异性的秘密武器吧，现在人们也会把麝香添加到香水里，看来我们人类也会为这种香气着迷。

（八）水上大熊猫——中华白海豚

中文名 ‖ 中华白海豚
拉丁学名 ‖ *Sousa chinensis*
别名 ‖ 妈祖鱼、粉红海豚
科 ‖ 海豚科
属 ‖ 白海豚属
保护级别 ‖ 一级

中华白海豚主要生活在亚热带河口咸淡水交汇水域。它们的体形优美，游泳速度特别快，经常三五结伴同行，时而合围鱼群，时而逐浪嬉戏，跃离水面划出优美弧线，特别赏心悦目，因此有"美人鱼"之称，人见人爱。根据研究，它的近亲是河马，在岸上生活，经过长期演化，从陆地来到海洋中生活。海豚的腰痕骨和胸鳍骨，是其演化证据之一。

中华白海豚其实不都是白色的。它在婴儿期和幼儿期，是深灰颜色；少年期略带粉色，全身布满灰色斑点；到了青年期和壮年期，逐渐变成带灰色斑点的白色；而到了老年期，才逐渐变成了纯白色。我们还经常观察到白海豚会变颜色，有时候是白色，有时候变成粉红色，是因为它可能受到了某种刺激，身体会从白色变得白里透红。

中华白海豚可不是鱼，它是地地道道的哺乳动物。它们一般会在一年的4—8月进行繁殖交配，雌豚受孕后孕期长达10～12个月，每胎只产一仔。刚出生的幼豚体长接近1米，出生时尾部先从母体内露出，防止在出生过程中呛水而死。出生后的幼豚还不习惯呼吸和游泳，成年的海豚会将它反复托出水面，让它逐渐学会呼吸，否则就会呛死。在随后的

一年时间，它主要靠母乳喂养。

中华白海豚的视觉能力较差，但它拥有一种非常特别的能力——回声定位。中华白海豚可以通过发出一种特定波长的超声波，然后通过超声波反射判定和锁定目标，进行避障、掠食和辨别方向。中华白海豚主要在咸淡水交界的河口生活，闯入淡水河道的中华白海豚，大多是因为年老或某种原因导致回声定位系统出现了故障。

中华白海豚十分聪明，能称得上动物界的高智商物种。它能很快学会各种杂耍，你与它相处时间长了，它还能和你以某种方式进行情感交流。通过解剖发现，成年的白海豚脑部重量和人不相上下，脑部沟回和神经细胞也非常多。研究人员认为，一头成年的白海豚的智力，相当于人类3~5岁小孩的智力。

珠江口中华白海豚国家级自然保护区，是全国唯一以保护国家一级重点保护动物——中华白海豚设立的国家级自然保护区。保护区建设有占地面积达1 200米^{2}的中华白海豚救护馆，配备了各种救护设施和实验室，专门为需要救护的海洋动物提供救护、救治。

个别中华白海豚的一生中，遭受过人类的严重伤害，但在它们晚年有限的生命里，又得到了人类无微不至的救助。希望中华白海豚的子子孙孙也能得到大家的关心呵护，不再受到伤害，不再有恐惧，自由自在地畅游大海、繁衍生息，海洋的世界该会多么和谐美好。让我们共同期待，共同努力。

（九）身披铠甲的森林卫士——中华穿山甲

中文名 ‖ 中华穿山甲

拉丁学名 ‖ *Manis pentadactyla*

别名 ‖ 穿山甲

科 ‖ 穿山甲科

属 ‖ 穿山甲属

保护级别 ‖ 一级

目前全世界现存的穿山甲有8种，分布在我国的有中华穿山甲及马来穿山甲2种。其中中华穿山甲作为国家一级重点保护野生动物和IUCN红色名录极度濒危物种，是国家重点关注和保护的哺乳动物之一。

中华穿山甲外形独特，全身呈纺锤形，头及尾部尖小，身体较粗壮。它通常过着独居的生活，在各种各样的栖息地都能发现它的踪迹，包括热带和亚热带的针叶林、常绿阔叶林、竹林、草原和农田等。它是高度特化的动物，视觉、听觉退化，主

要依赖灵敏的嗅觉搜寻食物。中华穿山甲喜欢炎热的天气，能够爬树，善于挖洞。它强壮的前爪，能够轻易地在土壤中挖出2～4米的洞穴，这些洞穴既是它白天休息和躲避天敌的庇护所，又是它在土壤中觅食的基地。中华穿山甲主要食用白蚁，亦吃少量的昆虫，当挖掘到土壤中的蚁巢后，就会用前爪扒开蚁巢，用长而具有黏性的舌头舔食白蚁。如果遇到天敌或其他的危险，中华穿山甲会把身体卷成球状，用坚硬的鳞甲抵御外敌。

每年4—5月，是中华穿山甲交配的季节。平时独居的中华穿山甲会在活动区内游荡，寻找合适的配偶进行交配。交配完成后的穿山甲又恢复到独居的生活状态。雌性穿山甲怀孕后会在冬季到来之前，搜索白蚁等食物相对丰富的区域，并在蚁巢附近挖洞，一方面在洞中躲避冬季的严寒，另一方面可以有充足的食物来源。雌性穿山甲通常在12月或翌年1月产下一只幼崽。幼崽在出生后就可以自己行走，但在翌年春季到来之前会一直待在洞中。春季会跟随母亲出洞觅食，也会趴在母亲的尾巴上活动。

历史上中华穿山甲在我国有很大的种群数量。20世纪60年代前后全国穿山甲年捕获量在15万～16万只。从20世纪80年代初期资源蕴藏量开始下降，尤其是最近10年递减最为剧烈，至少减少80%。2008年，IUCN红色名录将中华穿山甲列入濒危动物的等级，提出加强保护的要求；2014年，由于中华穿山甲种群的持续下降，IUCN红色名录将中华穿山甲提升至极度濒危的等级。这意味着如果再不加以重点保护，这一特殊而又具有漫长历史的物种将会消失在我国大地上。

仅仅是通过禁止捕猎食用中华穿山甲，并不能对它开展真正的保护。由于中华穿山甲种群极危稀少，在野外已经多年未见切实的报道记录。近年来，随着专项调查的开展，韶关、肇庆、阳江、梅州、河源等地陆续发现了中华穿山甲的活动，表明广东作为岭南生物多样性保护的重要区域，在中华穿山甲的种群及栖息地保护中，仍然发挥着基础性的支撑作用。

（十）美丽的隐者——斑林狸

中文名 ‖ 斑林狸

拉丁学名 ‖ *Prionodon pardicolor*

别名 ‖ 斑灵狸、斑灵猫

科 ‖ 林狸科

属 ‖ 林狸属

保护级别 ‖ 二级

斑林狸是我国灵猫类动物中体形最小的动物，因为体形小，且主要在夜间活动，在野外遇见的概率很小，以至于普通民众对其都知之甚少，甚至都没有见过它的照片。斑林狸是我国的珍稀动物，目前属于国家二级重点保护野生动物，同时它也是一种美丽且神秘的动物，现在就来认识一下它。

斑林狸，从名字上看，它是一种狸。提到狸，大家应该都知道果子狸，果子狸和斑林狸其实是"亲戚"，斑林狸曾长时间被归入灵猫科。狸在古代多指外形像猫的一类野生动物，包含了现今我们了解的一些猫科动物。而古人把现在的灵猫类动物称为"香狸"，因为"香狸"的身上带着宝藏——灵猫香，灵猫香与麝香类似，由动物的腺体分泌，有独特的香味，可入药。《本草图经》记载："香狸出南方，人以作鲙，若北地狐生法，其气甚香，微有麝气。"《本草纲目拾遗》记载："坤舆图说，利未亚图有山狸，似麝，脐后有一肉囊，香满辄病，就石上剔出始安，其香似苏合油，黑色，疗耳病。"李时珍在介绍狸的时候记载："有文如豹，而作麝香气者为香狸，即灵猫也。按段成式言，香狸有四外肾……"刘郁《西使记》云："黑契丹出香狸，文似土豹，其肉可食，粪溺皆香如麝气。"杨慎《丹铅录》云："予在大理府见香猫如狸，其文如金钱豹，此即楚辞所谓乘赤豹兮载文狸，王逸注为神狸者也。"可见，古人把这种外形与猫相似、身上带有香腺的动物统称为香狸，其中记载纹像金钱豹的香狸可能就是斑林狸，但和我们现在了解的斑林狸又有一些差别。

说完这些，我还是从斑林狸的名字说起吧，其实它在近代有很多别名，其中一个叫"斑灵狸"，可能是因为它本身就属于灵猫科，所以就用了"灵猫"的"灵"字。那为什么现在我们普遍使用"斑林狸"这个称呼呢？因为后来科学家发现斑林狸和大部分灵猫科动物不同，斑林狸并没有香腺。1987年出版的《中国动物志·兽纲·第八卷·食肉目》对其描述："会阴短，无香腺。"2003年，有科学家分析了灵猫科的分子系统树，提议将斑林狸从灵猫科中移出，将林狸属归类到独立的林狸科。直到2021年新的国家重点保护野生动物名录公布，林狸科的科级地位得到确认。这个"林"字与它的栖息地和习性更为贴切，斑林狸主要栖息在热带、亚热带林地中，善于攀爬。我猜想，可能不使用"灵"字，大家就不会联想到灵猫香，一定程度上会降低它被盗猎的风险，事实上斑林狸也不产灵猫香。在我国野生动物保护法成立前，灵猫科动物曾被大量捕猎，目前种群稀少，2021年更新的保护名录中有6种灵猫被调升为国家一级重点保护野生动物。而斑林狸很幸运，依然有稳定

肖诗白 摄

的种群，受威胁形势没有加剧，希望斑林狸能在丛林中继续"默默无闻"吧。

最后再看斑林狸的"斑"字，这个就很好理解了，是它外形区别于其他灵猫科动物的主要特征。其他灵猫科动物都是黑白条纹、斑纹或无纹，只有林狸属的是黄色、黑色纹。林狸属全球只有两个物种，另一种叫条纹林狸，国内并没有分布，身上有黑色条状的斑，其余部分为黄色。而斑林狸是全身主体为黄色，布有黑色实心圆斑，颜色和斑纹像金钱豹，颜色鲜艳非常美丽，曾有民众将其误认作金钱豹幼崽。

查阅了一些与斑林狸、狸、香狸相关的文献，发现资料很少，连网络上的照片都少有，古籍中更是难以找到确切的描述，这种美丽而神秘的动物可能在以前也鲜有见闻。我们只知道它们现在还在岭南的山林里安静地生活着，它们会用树枝和树叶筑巢或者住在其他动物废弃的洞穴中。静待夜色降临，为它们披上保护衣，细长灵活的尾巴可以帮助它在林间攀爬跳跃，寻找它们的食物。虽然它体形很小，一般重量只有1～3千克，看上去比家猫还要瘦小一点，但它们也是猎手，和猫一样四肢有可以伸缩的爪，捕食一些昆虫、青蛙、老鼠和小鸟等。看着照片上它们鲜艳的毛色，或许它们也曾经喜欢阳光，在明亮的舞台上展示自己美丽的体态，但生存让他们选择了黑夜，隐藏在葱郁的山林间，既然这样，那就希望它们可以自得其乐，不被打扰吧。

（十一）猴中酋长——藏酋猴

中文名 ‖ 藏酋猴

拉丁学名 ‖ *Macaca thibetana*

别名 ‖ 毛面短尾猴、四川短尾猴

科 ‖ 猴科

属 ‖ 猕猴属

保护级别 ‖ 二级

对中国人来说，最典型的"猴"就是猕猴的形象。中国分布的猕猴属物种共有8种，其中个头最大、最威风也是最彪悍的，就是藏酋猴。但很多人并不了解藏酋猴，对其还存在不少误解。

有人认为藏酋猴名字里带了一个"藏"字，肯定是生活在西藏的物种。但实际上，藏酋猴主要栖息的区域集中在我国的中南部地区，东至浙江、福建，西到四川，北达秦岭南部，南到南岭，是一种分布范围较广但数量有限的灵长类动物。主要营群居生活，自然条件下一个种群由10～30只个体组成，常在海拔600～1 900米的原生性常绿阔叶林带和常绿落叶阔叶混交林带活动。

作为我国体形最大的一种猕猴，成年的藏酋猴体长可达70多厘米，体重在18千克左右。成年后的雄性藏酋猴通常会长出十分明显的络腮胡一样的长毛，看起来就像部落里酋长脸颊戴的装饰，但两颊的长毛并不意味着它老了，相反这样的猴子可能正值壮年，具有极强的攻击力。所以当你遇见长着络腮胡的藏酋猴时可不能掉以轻心，更不可以随意挑逗。

我们常看到的雄性藏酋猴的脸部为肉色，眼围为白色，眉脊有黑色硬毛；雌性脸部带有红色，眼围为粉红色。全身披着疏而长的毛

吴嘉琪 摄

发，背部色泽较深，腹部颜色较浅，头顶常有旋状项毛。但在逐渐生长的过程中，藏酋猴面部颜色和体色会发生变化，性成熟时藏酋猴脸部呈鲜红色，进入老年时变为紫色、肉色、黑色。猴头部毛发深棕色，背为棕褐色，靠近尾基黑色；腹面及四肢内侧淡黄色，四肢外侧及手、脚的背面棕色。所以你看到的藏酋猴可能是深棕色、棕褐色、黄褐色，甚至是黑色、紫色等不同的体色，但他们都是同一物种。

在岭南，藏酋猴主要分布在广东和广西，看到它们浓密的毛发，也能猜到，它们是怕热的物种，主要生活在海拔较高的山地，冬天喜欢在石头上晒太阳，夏天则喜欢在水边游憩。现今在广东韶关、惠州、梅州和广西大万山、猫儿山、花坪和千家洞等保护区都能监测到它们的身影，可能它们在岭南其他人迹罕至的地方还当着"酋长"，只是我们还没有发现。

莫嘉琪 摄

当前，栖息地食物紧张是藏酋猴的主要威胁因素。藏酋猴和其他灵长类一样，基本都在食物链的顶层，岭南地区目前中大型肉食动物极少，藏酋猴基本没有天敌。藏酋猴主要吃浆果，食物短缺的时候会食嫩叶、嫩茎和一些小型动物，如昆虫、蛙、鸟等。要恢复藏酋猴的种群，就要考虑它们的食物来源，如在其栖息地引入当地具浆果的树种或作物，且选择不同季节结果的树种或作物。

（十二）祥瑞天马——中华鬣羚

中文名 ‖ 中华鬣羚

拉丁学名 ‖ *Capricornis milneedwardsii*

别名 ‖ "四不像"、苏门羚

科 ‖ 牛科

属 ‖ 鬣羚属

保护级别 ‖ 二级

在深山密林中，有一种神奇的动物，它的角像鹿不是鹿，蹄像牛不是牛，头像羊不是羊，尾像驴不是驴，人们据此称其为"四不像"。有人认为"四不像"指的是麋鹿，但麋鹿它本身就是一种鹿，笔者认为今天介绍的动物更加符合"四不像"的描述，它就是中华鬣羚。

中华鬣羚体形类似于山羊或羚羊，头后颈背具长且灰白色的鬣毛。全身被毛以黑褐色为主，稀疏而粗硬，四肢由黑褐色向下渐变为黄褐色。主要生活于针阔混交林及针叶林，平时常在林间大树旁或巨岩下隐蔽和休息。

我国对于中华鬣羚的描述最早可以追溯到清代。《黄山志》中曾写道"天马，常飞腾天都莲花诸峰""康熙壬寅秋，慈光僧同客登文殊院，远望犀牛山峰顶有天马，银鬣金毛，四足皆捧以祥云，须臾跃过数十峰，每峰隔越数十丈，一跃便过"。经考证，书中所说的"天马"就是中华鬣羚。中华鬣羚四肢粗壮，强健有力，可以在山崖乱石间奔跑跳跃，动作轻巧敏捷，再加上山间云雾弥漫，增添了其脚踏祥云、飞越深渊的神秘色彩，常被人们视为祥瑞的象征。

中华鬣羚性情比较孤独机敏，雄性总是单独活动，雌性和幼仔最多结成4～5只的小群。它们的领地意识很强，常常隐居在与人类隔绝的深山之中。遇到危险的中华鬣羚有"三技"：脚踏蹄子、双角挑刺、飞跃绝壁，这三板斧能够抵御大部分动物的入侵和袭击。它们平时会沿一般动物不易到达而又视野开阔的环境活动，如险要的山脊、危岩的顶上或

王孛凡 摄

山顶大树下，注目凝视着下面的溪谷，或对面的山顶，一动也不动地站在一个地方，若有所思。

20世纪初，中华鬣羚还常见于山岭之中，但随着其分布区内森林被大量采伐，栖息地遭受破坏，加之民间有中华鬣羚的骨头可以治疗风湿关节炎等疾病的说法，加剧了人类对中华鬣羚的滥捕乱猎，中华鬣羚的数量骤然下降。

为了拯救这一易危物种，我国出台了很多措施，如建立保护区、退耕还林等。在各方的共同努力下，我国生态系统逐步恢复，鬣羚的种群数量得到一定程度的回升，很多地区开始发现中华鬣羚的踪迹。在广东南岭、车八岭、云开山、平远龙文黄田、惠东白盆珠莲花山、广西弄岗等地都监测到了中华鬣羚的身影。如今，它的出现真的成为祥瑞的象征，这意味着我们的保护有了成效，岭南大地的生态系统在健康发展，希望中华鬣羚能带领更多的珍稀动物出现在我们的视野中。

（十三）玲珑渔猎手——水獭

中文名 ‖ 水獭
拉丁学名 ‖ *Lutra lutra*
别名 ‖ 獭猫、水狗
科 ‖ 鼬科
属 ‖ 水獭属
保护级别 ‖ **二级**

"东风解冻，蛰虫始振，鱼上冰，獭祭鱼，鸿雁来。"

——《礼记·月令》

"雨水：初候，獭祭鱼。此时鱼肥而出，故獭而先祭而后食。"

——七十二候

早在2 000多年前，古人就观察到在中国密布的水网中广泛生活着一类捕鱼为食的机敏小兽，唤其为"獭"，并以之作为雨水节气到来的征兆。水獭常把鱼放置在溪边流石滩的石头上，而后端坐在旁，加之长相乖巧，看上去宛如在诚心地将鱼祭予上天。其实这是出色的捕猎技巧和旺盛的精力使之常过量捕捉猎物，吃不完时便弃于石上。而端坐则是它们在警惕观望，以避开掠食者。

在中国，曾生活着3种水獭：欧亚水獭、小爪水獭和江獭。历经数百万年的适应与演化，它们曾几乎占据了中国所有类型的水生环境，身影遍布大江南北。广东有着优渥的水文条件，是除了云南外，曾记录到所有3种水獭的省份。

吴嘉琪 摄

小爪水獭是目前世界上现存的水獭中体形最小的，纤巧而灵动，喜好以家族形式小群活动。它们体长只有约0.5米，和家猫差不多大小。看似笨拙短小的四肢、流线型的躯体及肌肉感十足的长尾巴都是为了更适应在水下活动。如此小巧灵活的身躯，加之昼伏夜出的习性，一度让小爪水獭成为中国一些

莫嘉琪 摄

地方民间传说中的"水鬼""水猴子"。

水獭是鼬科之中对水依赖性最高的水陆两栖兽类，也是很多地方水生生态系统的顶级捕食者，因此水獭凭着精巧有力的前爪和出色的"泳技"，曾叱咤于我国南部的溪涧、河流甚至沿海水域。因为人类对栖息地的破坏和水獭对污染的敏感性，它们成为评价环境健康与完整程度的指示物种。能看见它们就证明这片水域还生活着更多的生灵。在食物方面，小爪水獭更偏爱以蟹为主的甲壳类动物，至于鱼类、昆虫、两栖类、爬行类也是来者不拒，经过宽厚结实的臼齿一通咀嚼，一并收入腹中。

然而前文的叱咤风云早已是过去式。近半个世纪以来受栖息地破坏和无度捕杀的影响，欧亚水獭已退缩至少量破碎化栖地，小爪水獭仅在云南和海南的偏远山溪有少量记录，江獭更已30年杳无音讯。

我国多地也正积极开展着与水獭相关的调查研究。如此正向、健康的关注是保护它们存续的重要推动力。相信假以时日，春日雨后，万物复苏，水獭也将一如它们的祖辈，在华夏水脉中肆意畅游，或是分几条鱼祭予上天，或是分享给接纳它们的人类朋友吧。

（十四）全能通才——红背鼯鼠

中文名‖红背鼯鼠
拉丁学名‖*Petaurista petaurista*
别名‖棕鼯鼠、赤鼯鼠
科‖松鼠科
属‖鼯鼠属
保护级别‖省重点

鼯鼠也称飞鼠、飞虎，是对松鼠科的一个族的物种的统称，称为鼯鼠族。最早记载"鼯鼠"二字并且给予定义的是公元前3世纪中国的《尔雅》词典，当时对鼯鼠的定义比较含糊，而且由于鼯鼠可以滑行，将其定义为鸟类的一种。而在更早的先秦时期，《山海经·北山经》就已经记载有鼯鼠的形象："其状如兔而鼠音，以其背飞，名曰飞鼠。"《荀子·劝学》中记载："腾蛇无足而飞，梧鼠五技而穷，能飞不能上屋，能缘不能穷木，能游不能渡谷，能穴不能掩身，能走不能先人。"

在岭南地区，生活着一种漂亮的鼯鼠，名为红背鼯鼠，它身体背部、皮翼和尾上面均为赤褐色至暗栗红色；颈背及身体背部中间部分毛色较其他地方更深；耳壳后有少许黑色毛，眼周黑色。主要栖息于亚热带常绿阔叶林与针叶林中，夜行性，主要以水果、坚果、嫩枝、嫩草为食，有时也吃昆虫及其幼虫。在岭南地区，它是广东省重点保护陆生动物名录中松鼠科的唯一物种，同时也是广西重点保护野生动物。

同为松鼠科，为什么很少有物种被列入保护，而红背鼯鼠却需要被保护呢？这与它的粪便、皮毛和体形都有关。鼯鼠的粪和尿，在中药中称为五灵脂，在《开宝本草》《本草图经》《本草衍义补遗》

李俊杰 摄

李俊杰 摄

《本草蒙筌》《纲目》《本草述》和《现代实用中药》等均有记载，红背鼯鼠自然也是五灵脂的来源之一。同时，因为红背鼯鼠毛色鲜艳，它的皮毛也具有不菲的经济价值。红背鼯鼠可以说全身都是宝，它的体形较大，颜色也鲜亮，在野外最显眼，导致其在物资缺乏的年代被大量捕猎。

随着我国野生动物保护的落实和生态文明的建设，针对红背鼯鼠的人为威胁已经越来越少。目前岭南地区红背鼯鼠主要分布于广东，广西也有少量分布。对于红背鼯鼠的种群恢复，除了增加其食物来源，更重要的是提供栖息洞，也许参考松鼠屋的思路是不错的选择。

（十五）中国唯一会做巢的蝙蝠——短吻果蝠

中文名 ‖ 短吻果蝠
拉丁学名 ‖ *Penthetor lucasi*
别名 ‖ 犬蝠
科 ‖ 狐蝠科
属 ‖ 犬蝠属
保护级别 ‖ 近危（NT）

城市公园、学校，甚至小区里，栖息着一种中国唯一会做巢的蝙蝠——短吻果蝠。它们与人为邻，并且与我们岭南人有一个共同的喜爱之物：蒲葵树的树叶。虽然现在已经不常见，但是提起葵扇，大家还是会有印象的，忆起老人家坐在村口大树下，摇着手中几乎要散架的葵扇，悠闲聊天的情景。短吻果蝠也喜欢这种蒲葵树的树叶，它们利用这种大大的掌状树叶建造温馨的家园，得以遮风挡雨。

短吻果蝠属于果蝠中体形相对较大者，背毛橄榄棕色；体侧浅红棕色；腹面锈黄色到浅绿棕色；雌体毛色明显更淡；耳缘苍白色，掌骨亦略带浅色条纹。它们主要生活于城市公园、高校、小区等种植有蒲葵树的区域。白天躲在相对郁闭的巢内，晚上离巢觅食，活动范围一般不是很大，在繁殖季节会适当咀嚼树叶吸食汁液，主要是为了补充微量元素及满足胚胎发育、哺乳对钙成分的高需求。

据研究发现，只有雄性短吻果蝠才做巢，而雌性则坐享其成。短吻果蝠属于资源保卫型的"一夫多妻制"。当雄性短吻果蝠做好多个巢之后，每天晚上会在这些巢进行巡防，既巡查有哪一个巢有雌性短吻果蝠来入住，也防止其他雄性个体来入侵。通过仔细观察短吻果蝠的巢穴，发现它们使用牙齿把蒲葵树叶的叶脉咬了一圈，导致树叶沿着这一圈耷拉下来，形成一个相对郁闭的空间，这就是它们的家了。在测量了大量的短吻果蝠巢穴之后发现，它们做巢时所咬的那个圈大小适宜，它们是如何做到的呢？人类建筑师是用尺子测量，那短吻果蝠又有什么技巧？这个问题，有待大家去探究。

在我国，蝙蝠代表着吉祥。唐代诗人元稹曾在《景中秋》诗中写道："帘断萤火入，窗明蝙蝠飞。"因为"蝠"与"福"同音，蝙蝠便成了好运气与幸福的一种吉祥象征物。一些古代建筑物将蝙蝠雕刻在门头上方，寓意"五福临门"。

短吻果蝠视力很好，嗅觉灵敏，可以通过果实散发的酒精浓度判断其成熟度，进而选择成熟度刚好的果实。在短吻果蝠的眼里，它们看到的是灰色的世界，而不像我们看到的是五彩斑斓的风景。但是，犬蝠能够看到紫外线，这一点我们人类却无法做到，这也是生存需求而进化出来的一种能力。

短吻果蝠的种群数量不多，但其在森林生态系统的演替中发挥重要作用，它们在采食花蜜、果实之时，可以帮助植物传花授粉、传播种子，故其保护现状应引起足够重视。

（十六）中国最小的蝙蝠——扁颅蝠

中文名‖扁颅蝠

拉丁学名‖ *Tylonycteris pachypus*

别名‖无

科‖蝙蝠科

属‖扁颅蝠属

蝙蝠类群是唯一真正会飞的哺乳动物，种类繁多，分布广泛。由于其昼伏夜出，并且大部分都栖息于深山洞内，对于大部分人来说，蝙蝠是最神秘的动物之一。然而，也有一些蝙蝠类群可能就栖息在我们身边，只是它们太过隐蔽而使得我们浑然不知。扁颅蝠，中国最小的蝙蝠之一，就是这样的小精灵。它们通常栖息在人居周围的竹林中，通过狭小的裂缝钻入竹筒内，以此为家。

扁颅蝠体形极小，身体只有拇指般大小，体重3～4克，前臂长25～29毫米，颅全长11毫米。由于长期适应进出狭小裂缝，导致其脑颅被挤呈扁平状，顾名思义"扁颅蝠"。

扁颅蝠行"一夫多妻"的婚配制度，雄性依靠占领更好的栖息地竹筒来吸引雌性加入并组成小家庭，因而也属于资源保卫型。科学家通过微卫星技术进行亲子鉴定，结果发现，一雄多雌情况下雄性对自己家庭后代的贡献率并非100%，大概有30%的后代不是它自己的后代，表明它的"妻妾们"并非十分忠诚，存在"偷配"行为，即外出与其他雄性交配。

扁颅蝠使用调频FM超声波进行回声定位，研究表明，蝙蝠的超声波在幼崽的发育过程中需要经历显著的变化，到青年期达到稳定。刚出生的小蝙蝠眼睛尚未睁开，而母蝠外出觅食时通常是将幼崽赶下来让它们留在家里。等母蝠回来时，会面临一个问题：在一群蝙蝠幼崽中如何分辨自己的亲生后代。母蝠只喂养亲生的幼崽，这样才能确保自己的后代（基因）得到存活（遗传）。而对于幼崽，通常执行"有奶就是娘"的大智慧。对策上的不对等，双方必须妥协：母蝠需要依靠线索寻找自己的幼崽，而幼崽需要尽量提供线索。其中，声音是十分重要的线索之一，幼崽需要提供能够传播更远的声音，帮助母蝠在幼崽群中找到自己；而低频声在空气中衰减比较慢，可长距离传播。因此，幼崽在刚出生阶段的声音主频通常都比较低。此外，幼崽发出的声波脉冲时间更长，包含更多的个体特征信息，母蝠在众多幼崽中进行分辨。幼崽的声音随着年龄成长逐渐发育变化：频率逐渐升高、脉冲逐渐变短，在青年期与成年个体一致。

扁颅蝠在中国的分布主要在南方各省份，它们对害虫（白蚁、蚊子等）的控制至关重要。由于森林砍伐，以及现代文明的发展，竹林面积呈现缩减趋势，扁颅蝠的保护面临新的挑战。

（十七）黑面天使——黑脸琵鹭

中文名 ‖ 黑脸琵鹭
拉丁学名 ‖ *Platalea minor*
别名 ‖ 黑面琵鹭
科 ‖ 鹮科
属 ‖ 琵鹭属
保护级别 ‖ **一级**

黑脸琵鹭是典型的海岛繁殖鸟类，也是全球濒危鸟类之一。它们扁平如汤匙状的长嘴，与中国乐器中的琵琶极为相似，因而得名。黑脸琵鹭亦因姿态优雅，又被称为"黑面天使"或"黑面舞者"。黑脸琵鹭在繁殖的时候通常是"一夫一妻"制，夫妻关系极为稳定，当鸟儿开始筑巢的时候，说明他们的配偶关系已经确立。

它们喜欢群居，每群三四只到十几只不等，更多的时候是与大白鹭、白鹭、苍鹭、白琵鹭等涉禽混杂在一起。捕食动作非常有趣，一边在水中缓慢行走，一边将嘴插入泥水中，左右摆动搜索，有点像农民给稻田除草，通过触觉捕捉水底层的鱼、虾、蟹、软体动物、水生昆虫等。

19世纪30年代，黑脸琵鹭在中国东南沿海还比较常见，但是由于日益严重的水域污染及栖息地被破坏等因素，分布区大为缩小，种群数量锐减，到19世纪80年代，种群数量已下降至不足300只，被世界自然保护联盟（IUCN）列入极危鸟类。基于此，1994年8月，全球第一次黑脸

英嘉琪 摄

琵鹭保护会议在德国罗森海姆举行，来自日本、朝鲜、韩国、越南、中国等国的专家参加了会议。会议一致认为，全球应共同加强对黑脸琵鹭这一濒危物种的保护，并将"黑脸琵鹭保护行动计划工作"列入国际鸟类保护联盟亚洲计划的优先项目。1995年1月，有关专家又在中国台湾召开了黑脸琵鹭研讨会，并于同年9月制订出黑脸琵鹭保护的指导性文件——《黑脸琵鹭保护的行动计划》。1996年5月，由中国鸟类学会与日本野鸟学会联合主持，在北京召开了"保护黑脸琵鹭国际研讨会"，这次会议标志着黑脸琵鹭保护行动计划的正式启动。

近年来，随着国家林业和草原局及地方野生动物保护部门保护管理力度的加大，如建立保护区、湿地恢复及禁止沿海经济开发项目等，加强了对黑脸琵鹭及其栖息地的保护，它们的种群数量呈增加趋势。2019年1月的全球同步统计显示，黑脸琵鹭的越冬种群数量达4 463只。黑脸琵鹭的繁殖种群数量呈增加趋势。

（十八）山林里的精灵——黄腹角雉

中文名 ‖ 黄腹角雉

拉丁学名 ‖ *Tragopan caboti*

别名 ‖ 角鸡、吐绶鸟

科 ‖ 雉科

属 ‖ 角雉属

保护级别 ‖ 一级

越山有鸟翔寥廓，

嗉中天绶光若若。

越人偶见而奇之，

因名吐绶江南知。

——刘禹锡《吐绶鸟词》

　　唐代诗人刘禹锡用诗词记录下对寓意长寿吉祥的吐绶鸟的喜爱。元代画家王渊代表作《竹石集禽图》中"坡石溪涧之间，花竹摇曳，缀以苔草杂卉，石上或枝上栖息一对或一只大禽，并穿插有小鸟飞鸣停伫"，深刻又直观地呈现了"诗豪"刘禹锡笔下吐绶鸟的真面目。2002年2月1日，它又出现在国家邮政发行的《中国鸟》（第一组）邮票中，色彩明快的现代绘画手法将它再次带入人们的视野。

　　它就是黄腹角雉，由于外形奇丽，从古至今深受人们喜爱。看它头上竖着蓝色的双角，胸部花纹很像在大红纸上写了个繁体的"寿"字，在古代被人们称为"寿字鸡"，并视其为吉祥的象征。明代李时珍在《本草纲目》中记述了黄腹角雉雄性发情时的肉裙和肉角，并依此特征称其为"吐绶鸡"。

陈太平 摄

陈太平 摄

　　黄腹角雉栖息于海拔1 000米左右的亚热带山地树林里，喜欢阴暗和云雾天气。在雉类的社会里，只有少数雄性拥有交配权。如果雌性选择一个更"性感"的丈夫，更强壮的配偶，那么她就有更大的概率生下强壮的后代，她的基因才会有更多的机会传下去。而雄性要想获得雌性的青睐，可得费心费力，能量补充首先得跟上才行，一块独占的领地就显得非常重要，所以雄性黄腹角雉会划分各自的势力范围。如果有其他雄性入侵领地，一场决斗是在所难免的。

　　雄性黄腹角雉在发情季节雄性荷尔蒙狂飙，胸前长出鲜艳的、朱红色肉群，翠蓝色的条纹纵横交错张扬美丽，头上长出蓝色的肉角。雄性有一套复杂而有序的求偶炫耀过程：抖角、吐绶、振翅、张尾、冲刺。但由于天敌较多，黄腹角雉的野外繁殖成功率只有10%左右。

　　鸡形目是鸟类中较原始的类群，全世界有7科285种鸡形目鸟类，我国仅有1科（雉科）63种，约占1/5，是世界上野生雉类资源最丰富的国家。其中中国特有种22种，包括黄腹角雉。黄腹角雉是山林里美丽而独特的精灵，如果你在深山里见到它，请不要伤害它。

（十九）枝头上的大熊猫——黄胸鹀

中文名 ‖ 黄胸鹀

拉丁学名 ‖ *Emberiza aureola*

别名 ‖ 黄胆、禾花雀

科 ‖ 鹀科

属 ‖ 鹀属

保护级别 ‖ 一级

继2000年、2001年中国邮政发行《国家重点保护野生动物（Ⅰ级）》特种邮票第一版和第二版之后，时隔20年，《国家重点保护野生动物（Ⅰ级）（三）》特种邮票于2021年12月3日发行。此套邮票展示了8种国家一级重点保护野生动物，其中有两只貌似麻雀的小鸟，它们看似普通但却有着曲折的"身世"。

它们名叫黄胸鹀，属名*Emberiza*源自德语中对鹀的古称，种本名*aureola*则源自拉丁语aureolus，指"金黄色"的，其胸腹部黄色很显眼，堪称国内最漂亮的鹀之一。黄胸鹀繁殖于中国东北和俄罗斯西伯利亚地区，每年10月开始从东北迁往珠江三角洲、湛江等地越冬，它们从北到南有着很多有趣的昵称：内蒙古和东北称其为"黄肚囊、黄肚皮、黄豆瓣、烙铁背"；京津一带叫它"黄胆"；河北很多地方还称其为"稻雀"；在湖北、湖南和江西等地则称作"麦雀"或"麦黄雀"；广西有的地方又叫"秧谷鸟"；在广东为人熟知的名字"禾花雀"。可以看出河北以南地区它们的昵称几乎都和农作物相关，这与黄胸鹀的食性有着密切的联系，它们繁殖季主要以昆虫和昆虫幼虫为食，也吃部分植物种子和果实，但迁徙季节主要以谷子、稻谷、高粱、麦子等农作物为食。

早期文献记载，黄胸鹀的数量多如麻雀，迁徙季节可见上万只黄胸鹀在田间集食。在20世纪五六十年代，粮食生产还是第一诉求的背景下，黄胸鹀被定义为"农业害鸟"，甚至还有不少人专门研究捕捉黄胸鹀的技巧和方法，全国各地的人们不断加入黄胸鹀的捕杀行列。

华南地区吃鸟的传统由来已久，民间甚至流传着"宁食飞禽一两，

王孝凡 摄

莫食走兽一斤"的说法。远道而来的黄胸鹀在广东被称为禾花雀,华南地区兴起吃禾花雀的热潮,禾花雀被越来越多的人列入"此生必吃"名单,从此大量禾花雀被捕杀。1959年,在珠江三角洲,根据89个网场的统计,平均一晚一张网就可能捕获3 000~4 000只黄胸鹀。1992年,广东佛山还举办了首届"禾花雀美食节",当年就有数十万只禾花雀被捕杀。在这种消费风气的影响下,禾花雀野生种群遭到了严重的威胁。

因为过度捕杀,黄胸鹀的濒危等级从2004年的"无危"直接跳过"近危""易危""濒危",在2017年成为"极危"物种,野生种群到了生死攸关的紧要关头,距离下一级"野外灭绝"只剩一步之遥。2021年新颁布的《国家重点保护野生动物名录》将黄胸鹀列为国家一级保护野生动物。根据《中华人民共和国刑法》的有关规定,非法猎捕、杀害国家重点保护的珍贵、濒危野生动物的,包括国家一级重点保护野生动物,轻则被判5年以下,重则被判5~10年。把对黄胸鹀这类野生动物的保护提升到了法律的高度,显示了我国政府对于濒危动物保护的态度和决心。

愿亡羊补牢,犹未为晚。

（二十）呆萌的小勺子——勺嘴鹬

中文名 ‖ 勺嘴鹬

拉丁学名 ‖ *Eurynorhynchus pygmeus*

别名 ‖ 琵嘴鹬、匙嘴鹬

科 ‖ 鹬科

属 ‖ 勺嘴鹬属

保护级别 ‖ 一级

勺嘴鹬是一种小型的涉禽，成鸟的体形和麻雀身材相仿。这个小动物看起来最"萌"的地方就是它的嘴形了。勺嘴鹬的嘴很特别，像一把饭勺，所以很多鸟类爱好者也亲切地叫它自带"饭勺"的小鸟。由于身材娇小，从远处观察时它勺子形状的嘴并不容易被认出。勺嘴鹬经常在浅水处活动，以鱼虾、贝类为食。然而这么"萌"的小鸟却是世界上濒危的物种之一。

勺嘴鹬是一种长距离迁徙鸟类，具有极强的飞行能力。我国是勺嘴鹬的重要迁徙和栖息地，有超过全球半数的勺嘴鹬会在此觅食、换羽，停留长达3个月。

勺嘴鹬从破壳之日起，就面临一连串的危险。在重要的繁殖区楚科奇半岛，过去20多年，勺嘴鹬的生活范围大为减少。且不说恶劣天气的摧残和贼鸥的吞食，对勺嘴鹬构成威胁的因素都大大影响了勺嘴鹬的生存。建模结果发现，到2070年，勺嘴鹬的繁殖栖息地会消失57%。

彭明志 摄

在中国大陆南端的雷州半岛，有一处广袤的滩涂，它是勺嘴鹬全球最大越冬地，每年的冬天，它们从地球北极飞越千山万水，如约而至。在这里，不论是当地居民还是外来客都会被它们的萌态打动，对它们呵护备至，关爱有加！勺嘴鹬每年在湛江的越冬数量为20～50只。

　　2021年12月，科研团队去阳江寻找勺嘴鹬，虽然去之前他们已经有心理准备，知道勺嘴鹬数量稀少，比较难遇到，但是真正到达阳江海滩时，才发现比自己想象中还要难。要在上万只鸻鹬类小鸟中找到勺嘴鹬的踪迹，还要考验眼力。尤其是鸻鹬类的外观极为相似，很难分辨。另外就是虽然它的嘴形奇特，但是在野外还是极难分辨，原因有两个：一是因为它的体形很小，相对来说嘴就更小，很难看到它嘴的末端膨大的部分；二是从正面看它的嘴形是比较明显的勺子形状，而从侧面观察，就很难分辨。而它在野外不停地低头觅食，也很难看清它嘴的形状。

　　就在阳江连续找了两天都没有发现勺嘴鹬的踪迹，最后一天科研人员绝望得快要放弃的时候，终于在一大群的环颈鸻、蒙古沙鸻和其他鹬类中发现了它的身影。科研人员都激动极了，小心翼翼地观察着它，生怕打扰到它。勺嘴鹬行走非常迅速，稍不留意它就跑掉了，再次寻找它又是一个艰难的过程。在观察了半个多小时"小勺子"的觅食，科研人员终于心满意足地离开。

　　保护勺嘴鹬的各级组织目前在国内已经形成了联合行动的态势，如著名的保护组织"勺嘴鹬在中国"与国际鸟盟、英国皇家鸟类保护协会、香港观鸟会等组织在科研、技术等方面进行交流合作。希望呆萌的"小勺子"能够不断发展壮大，早日脱离濒危的状态。

（二十一）林中仙子——白鹇

中文名 ‖ 白鹇

拉丁学名 ‖ *Lophura nycthemera*

别名 ‖ 银鸡、银雉

科 ‖ 雉科

属 ‖ 鹇属

保护级别 ‖ **二级**

白鹇，是广东的省鸟，雌雄异体，雄性浑身羽毛白色，尾羽也很长，在野外观察十分明显。尤其它在飞翔时，犹如白衣仙子，十分赏心悦目。

白鹇翎毛华丽、体色洁白，因为啼声喑哑，所以称为"哑瑞"，在中国文化中自古即是名贵的观赏鸟。《禽经》记载："似山鸡而色白，行止闲暇。"著名诗人李白也曾以白鹇为题赋诗一首。天宝十三年，李白游览到达黄山脚下，遇到隐士胡晖和他所饲养的白鹇。李白记录道："闻黄山胡公有双白鹇，盖是家鸡所伏（孵），自小驯狎，了无惊猜，以其名呼之，皆就掌取食。然此鸟耿介，尤难畜之，余平生酷好，竟莫能致。而胡公辍赠于我，唯求一诗。闻之欣然，适会宿意，援笔三叫，文不加点以赠之。"那时人们已经在尝试人工饲养白鹇。李白得赠白鹇，欣然提笔：

> 请以双白璧，买君双白鹇。
>
> 白鹇白如锦，白雪耻容颜。
>
> 照影玉潭里，刷毛琪树间。
>
> 夜栖寒月静，朝步落花闲。
>
> 我愿得此鸟，玩之坐碧山。
>
> 胡公能辍赠，笼寄野人还。

在诗中他把白鹇与白璧相提并论，以白锦喻白鹇毛色之美，表达出自己得到珍禽后的欣喜之情。李白得到的是两只雄性而非雌雄"一对"。这对白鹇自小被人所养，非常驯服，竟能呼应召唤上手取食。李白很难想象，这种鸟在野外是多么的"耿介难驯"。其实，成年雄性好斗，野外长大的个体应激反应更强。

宋代的很多诗人也曾为白鹇赋诗，宋代诗人魏野就曾以白鹇为题赋诗四首，其中两首如下：

白鹇其二

山鸡形状鹤精神，
纹似涟漪动白蘋。
物异恩殊堪郑重，
庙堂人寄草堂人。

白鹇其四

李白诗中闻未识，
谢庄赋里见长思。
今朝得尔心虽喜，
致谢惭无吐凤诗。

其实白鹇的社会生活习性为它们的驯化提供了很好的基础，现代的白鹇人工繁育技术已经相当成熟，在控制雄性密度的情况下也能大群饲养。广东省科学院动物研究所的高育仁研究员成功地人工饲养了白鹇，并把白鹇推为广东的省鸟。1986年，广东首次评出的省鸟是灰孔雀雉。我国灰孔雀雉只在云南南部和海南岛有分布，当时海南岛是广东的一部分。1988年海南建省，广东的版图中不再有孔雀雉分布，广东需再次评选省鸟。因为高育仁老师当时正在研究白鹇的生态，受命介绍候选鸟白鹇。最终，白鹇以它在广东的亚种多、分布广、外形漂亮、机敏灵活、吃苦耐劳、生命力强，以及为本省群众熟悉等特点，无可争议地顺利当选为新的省鸟。

此后，凡有白鹇展出的地方，如动物园、野生动物园、鸟园、博物馆等的解说词里都会添上"省鸟"的字样，甚至在爱鸟周、野生动物保护宣传月我们拿着标本上街时都会这么做。白鹇逐渐为越来越多的广东

莫嘉琪 摄

人所认识，这对广东的生态环境保护起到了积极作用。现在，野生白鹇
种群的数量有了明显的恢复，这跟整个国家越来越强调野生动物保护的
大环境有很大关系。

莫嘉琪 摄

（二十二）空中轰炸机——雕鸮

中文名 ‖ 雕鸮

拉丁学名 ‖ *Bubo bubo*

别名 ‖ 鹫兔、怪鸱

科 ‖ 鸱鸮科

属 ‖ 雕鸮属

保护级别 ‖ **二级**

鸮是我国古代对猫头鹰一类鸟的统称，用来命名鸮形目猛禽，该目猛禽均为夜行性鸟类。雕鸮在岭南地区是体形最大的一种猫头鹰。

雕鸮多栖息于人迹罕至的密林中，营巢于树洞或岩隙中。全天可活动，飞行时缓慢而无声，通常贴着地面飞行。食性很广，主要以各种鼠类为食，被誉为"捕鼠专家"。也吃兔类、刺猬、狐狸、豪猪、野猫、鼬、昆虫、蛙、雉鸡及其他鸟类，有时甚至会捕食有蹄类动物。

猫头鹰是一种报复心很强的鸟类，雕鸮也不例外。曾经有纪录片拍摄到，雕鸮的巢穴有一只老鹰前来捣乱，并试图攻击它未遂后离开。雕鸮因此"深深不忿"，与其他侦探小鸟通过信息交流，侦探小鸟夜间便会带来"情报"信息，带领它到那只老鹰的巢穴进行报复，最后在纪录片的末尾，我们就看到雕鸮跟着侦探小鸟飞到1 000米外的那只老鹰的巢穴，趁成年老鹰还在休息，一瞬间就把老鹰旁边的幼鸟叼走，留下了惊醒后"一脸茫然"的成年老鹰在巢穴中不知所措。

除了动物界中的报复，生活中也报道过不少猫头鹰报复袭击人类的事件，无论如何驱赶还会找机会回来攻击伤害过它们的人类。由于雕鸮生性凶猛，它们同类之间也会互相残杀，加上猛禽之间的地盘争斗，使得它们种群数量并不会无限壮大，自然界间会互相制衡，种群数量稳定发展。但某些区域由于人为的捕杀就会使得雕鸮或其他鸮形目鸟类的数量不断减少，因此，为了维护猫头鹰在森林中的安稳生存，我们应尽量减少对它们的干扰，与它们和谐共存。

王丰凡摄

（二十三）森林医生——啄木鸟

中文名 ‖ 啄木鸟
拉丁学名 ‖ *Picus chlorolophus*
别名 ‖ 无
科 ‖ 啄木鸟科
属 ‖ 啄木鸟属
保护级别 ‖ **二级**

啄木鸟其实是啄木鸟科鸟类的一个通称。古时有许多关于啄木鸟食虫的记载，如明代李时珍《本草纲目》曰："此鸟研裂树木取蠹食，故名""啄木小者如雀，大者如鸦，面如桃花，喙、足皆青色，刚爪利嘴。嘴如锥，长数寸。舌长于，其端有针刺，啄得蠹，以舌钩出食之。"可见古人早就对啄木鸟有了基本的认识。现代我们把啄木鸟称为"森林医生"，它除了可以消灭树皮下的害虫，其凿木的痕迹还可作为森林卫生采伐的指示剂。它们觅食天牛、吉丁虫、透翅蛾、蝽虫等害虫，每天可吃掉1 500只左右。那么它们每天这样啄木不会脑震荡吗？

人类的脑袋是不能受到快速冲击和重击的，不然就会晕厥甚至死亡，但并非所有的动物都如此，如羊、鹿，它们常常用头部撞击来一较高下，因此也进化出防止脑震荡的头部结构。啄木鸟也一样，它们应该是最不怕发生脑震荡的动物了。为了捉虫，啄木鸟每天敲击次数多达数万次，而且敲击的速度极快，它的嘴巴距离树干不过2～5厘米，但是速度却达到了每秒7米，而且力道很大，能把坚硬的树木啄出个洞来。

肖辉跃 摄

　　我们来看看啄木鸟是如何在这样的条件下保证头部不受损伤的。首先，啄木鸟的头骨主要由骨密质和骨松质组成，骨松质在大脑周围，是一层绵状骨骼，内含液体，受到冲击的时候会有缓冲和消震作用；其次，啄木鸟的大脑和头骨之间还存在着一层硬脑膜也可以缓冲震荡；最后，啄木鸟的头部有一种叫作舌骨的骨骼，其从鸟嘴一直延伸到鼻

孔，并占据一个鼻孔的位置，分布于头骨的下面和四周，越过头骨顶部向后方包住了大脑后又向前汇合，这样的结构自然也有助于减轻脑部的震荡。

"森林医生"还有不为人知的另一面。森林中有那么多啄木鸟，害虫的数量无法满足它们的摄食需求。为了满足自己的胃口，啄木鸟会无情地将大树的外皮啄开，让大树流出新鲜的汁液吸引害虫筑巢，并靠这种方式来满足自己的胃口。除了吃害虫外，啄木鸟还特别喜欢吃坚果，当坚果成熟时，它们也会四处搜集坚果钉在树干上，这样就能防止被其他动物偷走，也会在树上啄出密密麻麻的洞口来存放果实等粮食。还有一种啄木鸟是专门以树汁为食物的，枫树、桦树等都是它们的目标之一。它们通常的食用方式就是将树干的表皮撕裂，然后舔舐树汁，但又因为树木的自愈能力，不能在一个地方长期吸食。因此，大树经过这样的折磨后，会变得千疮百孔。这些在野外忙碌的啄木鸟，因为没有筑巢的习惯，所以通常在树干上啄出一个洞穴，便以此为家了。

一些啄木鸟甚至会将一棵树的树干彻底掏空，然后在树洞中哺育自己的孩子。这种行为毫无疑问会影响到一棵树的正常生长，许多被啄木鸟掏空的树木不久就会枯死，或者轻易被大风折断。

值得关注的是，除了一些虫子之外，啄木鸟还会食用其他的"肉食"，即高热量的幼鸟脑髓部分。啄木鸟通常会提前踩点，等待孕育了幼鸟的大鸟出门觅食，就飞到巢穴前，啄幼鸟的脑壳，直到幼鸟脆弱的头骨破裂，便吸食脑髓。在这个过程中，即便被其他鸟类发现，它们也会将幼鸟叼走，逃离之后继续食用美味。

从这些方面来看，啄木鸟"森林医生"的形象似乎已经崩塌。但尽管如此，啄木鸟在岭南地区乃至全中国的森林治理方面是具有重大贡献的，它完全配得起"森林医生"的称号。

（二十四）蛇类的克星——蛇雕

中文名 ‖ 蛇雕
拉丁学名 ‖ *Spilornis cheela*
别名 ‖ 大冠鹫、蛇鹰
科 ‖ 鹰科
属 ‖ 蛇雕属
保护级别 ‖ 二级

蛇雕是一种珍贵的大型猛禽，主要以各种蛇类为食，也吃蜥蜴、蛙、鼠类、鸟类和甲壳动物，叫声凄凉。春天是蛇雕孵卵抱窝的季节。蛇是一种难以捕捉的动物，由于身体细长、滑溜，很不容易抓牢，而且抓住一部分之后，蛇体的其他部分会反过来卷缠，其巨大的缠力，往往使冒险者窒息致死。如果是毒蛇，还有一副难以抵御的毒牙，更使很多进攻者望而却步，因此专门以蛇为食的动物并不多见。而在蛇雕的跗跖上覆盖着坚硬的鳞片，像一片片小盾牌紧密地连接在一起，能够抵挡蛇的毒牙进攻；它的身体上长着的宽大的翅膀和丰厚的羽毛，也能阻挡蛇的进攻；它的脚趾粗而短，能够有力地抓住滑溜的蛇身，使其难以逃脱。所以当蛇被擒获之后，很难对蛇雕进行反击，这就是蛇雕之所以能成为捕蛇能手的主要原因。

蛇雕捕蛇和吃蛇的方式都非常奇特。它先是站在高处，或者盘旋于空中窥视地面，发现蛇后，便从高处悄悄地落下，用双爪抓住蛇体，

利嘴钳住蛇头，翅膀张开，支撑于地面，以保持平稳。很多体形较大的蛇并不会俯首就擒，常常疯狂地翻滚着，扭动着，用还能活动的身体企图缠绕蛇雕的身体或翅膀。蛇雕则不慌不忙，一边继续抓住蛇的

薄顺奇 摄

头部和身体不放，一边不时地甩动着翅膀，摆脱蛇的反扑。当蛇渐渐失去体力，不再进行激烈反抗时才开始吞食。

由于捉到蛇后大多是囫囵吞食，不需要撕扯，所以蛇雕的嘴没有其他猛禽发达。但它的颚肌非常强大，能将蛇的头部一口咬碎，然后首先吞进蛇的头部，接着是蛇的身体，最后是蛇的尾巴。在饲喂雏鸟的季节，成鸟捕捉到蛇后，并不全部吞下，往往将蛇的尾巴留在嘴的外边，以便回到巢中后，能使雏鸟叼住这段尾巴，然后将整个蛇的身体拉出来吃掉。

蛇雕将蛇吞入之后，首先会朝着太阳的方向，不断地挺胸和扬头，用呆滞的目光凝视着太阳，就像人在进食时被噎住一样。这是蛇雕为了抵抗吞咽下去而又没有完全死亡的蛇体在腹中的扭动，不得不抬头挺胸，用胸部的肌肉去抑制蛇体的活动，同时扩张自己的气管而不至于导致窒息的行为。

蛇雕位于食物链的顶端，对维护生态系统平衡有着重要的作用，因此保护蛇雕、保护野生动物，是维护国家生态安全的必然要求，也是保障人类身体健康的迫切需要。

（二十五）巧舌如簧——红领绿鹦鹉

中文名 ‖ 红领绿鹦鹉

拉丁学名 ‖ *Psittacula krameri*

别名 ‖ 玫瑰环鹦鹉、环颈鹦鹉

科 ‖ 鹦鹉科

属 ‖ 鹦鹉属

保护级别 ‖ 二级

> "琼州所产多绀绿，羽有极细花纹，名曰鹦哥。"
> ——《广东新语·卷二十禽语》

作为古代有名的观赏鸟，鹦鹉在历史上曾被宫廷和民间大量驯养，堪称与人类物质和精神生活密切相关的鸟类之一。在古籍记载中，鹦鹉常被称为鹦母或鹦哥，甚至也有一些别名，如翠哥、辩哥、阿苏儿。我国境内分布的鹦鹉共有9种，包括短尾鹦鹉、蓝腰鹦鹉、亚历山大鹦鹉、红领绿鹦鹉、青头鹦鹉、灰头鹦鹉、花头鹦鹉、大紫胸鹦鹉和绯胸鹦鹉，大多都生活在我国西南地区与广东一带。

红领绿鹦鹉是比较具有社会性的鸟类，它们黎明时分在栖息的树上总是会"叽叽喳喳"地叫个不停，像是在讨论今天的外出计划，傍晚时分它们归来，在栖息的树上还要"叽叽喳喳"地叫一阵子，像是在分析今天的觅食得失，它们拥有自己的"语言"。在它们的繁殖期间，当有人上树接近它们的鸟巢时，这种鹦鹉就会发出急促的"喳喳"声，不一

刘金成 摄

刘金成 摄

会儿工夫便会招来周围的一群同伴，一起对着你不停地鸣叫，甚至会朝你身上排便，这都说明它们具有群居和群内互助的生活特性。这种互助的生存特性和它们使用自己特有的"语言"来排除不是同类的鹦鹉，共同抵御外来的干扰和入侵，这些特性大大强化了它们的种群力量，也增加了它们野外生存的能力。

为了更好地复壮红领绿鹦鹉的野外种群，广东省科学院动物研究所严格遵循我国野生动物保护相关规定和IUCN物种重引入指南，在广州海珠国家湿地公园开展实施红领绿鹦鹉的拯救和重引入工作，2020年4月24日在广州海珠国家湿地公园记录到3只，2020年5月13日在麓湖公园记录到6只且已有繁殖行为。

红领绿鹦鹉的重引入工作取得了比较明显的成效，实现了重引入个体在野外的自我繁殖，对促进城市生物多样性保护具有积极作用。

（二十六）最美的水上舞者——花脸鸭

中文名 ‖ 花脸鸭
拉丁学名 ‖ *Sibirionetta formosa*
别名 ‖ 巴鸭、黑眶鸭
科 ‖ 鸭科
属 ‖ 鲜卑鸭属
保护级别 ‖ 二级

花脸鸭是一种美丽的小型鸭类，正如大多数鸟类一样，雄性花脸鸭的体色远比雌性艳丽。

花脸鸭是一种极为好看的鸭子，其种加词"formosa"来自拉丁语的"fōrmōsus"，即美丽，因此花脸鸭在东亚文化中的地位颇高，从公元8世纪的日本古籍《万叶集》，到栩栩如生的两宋宫廷绘画，花脸鸭一直是被人们歌颂的对象。

松风里湖上生波，
湖心里呼妻鸭儿喧，
成群野鸭，嬉戏近岸。

——《鸭君足人香具山歌一首》

丁尧摄

丁亮 摄

　　与其他野鸭相比，花脸鸭显著的特点在于它们脸上的花纹，由蓝绿色、黄色和黑褐色组成，形状特殊，颇为醒目。花脸鸭在朝鲜被叫作"太极鸭"，在中国华北和东北一带称为"眼镜鸭"或"黑框鸭"，在韩国叫作"街娼鸭"，都与这一显著特征有关。

　　值得一提的是，尽管花脸鸭在日本和中国都有一个共同的俗名"巴鸭"，但两者的词源完全不同。日本的"巴鸭"源于神圣的"巴纹"，这是尊贵的八幡神的符号，象征着水的涌动与迅驰的闪电，常用于装饰盾牌和太鼓等器物。

　　而中国的"巴鸭"则来自交易的潜规则，过去野鸭出售时不分种类，以2～2.5千克为一提，像绿头鸭和罗纹鸭等大型野鸭只需3只即可凑成一提，称作"三鸭子"。而花脸鸭这样的小型水鸭则要8只才够一提的分量，即为"八鸭子"，而后又在口口相传中变成了所谓的"巴鸭"。

　　工业时代尚未大规模猎捕以前，花脸鸭可能是东亚地区最常见的野鸭，其种群规模或许多达上千万只。值得一提的是，譬如乾隆二十六年御制的《故宫鸟谱》一书中，"野鸭"词条的配图就是花脸鸭，而不是今天的绿头鸭。可见当时由于数量丰富，花脸鸭才是人们心中最常见的"野鸭"。

（二十七）水中大熊猫——鼋

中文名 ‖ 鼋
拉丁学名 ‖ *Pelochelys cantorii*
别名 ‖ 蓝团鱼、银鱼
科 ‖ 鳖科
属 ‖ 鼋属
保护级别 ‖ 一级

鼋，一种古老的爬行动物，是从龟类进化而来的鳖类代表之一，在我国古代分布极广，古代的鼋也是经历了一段时期的辉煌，它广泛出现在各种文学体裁中，以不同的形象出现。早期记录见于公元前16世纪至公元前11世纪，是殷商甲骨文记载的17种爬行动物之一，有"水中大熊猫"之称。后在《诗经》《楚辞》《礼记·月令》《尔雅》等古籍中也都有记载，涉及地理分布的记载最初则见于先秦《墨子·公输》"江汉之鱼鳖鼋鼍为天下富"，文中江汉即今湖北江汉平原，西汉《易林》焦赣篇记述"鼋鸣岐山鳖归山渊"，岐山即陕西境内，关于鼋分布的记载以长江中下游为多，例如：《抱朴子·登涉篇》记述江苏省南京之鼋；《法苑珠林》和《广异记》记述江

朱新平 摄

朱新平 摄

苏杨江之鼋；《唐国史补》记载福建泉州、惠安之鼋；《宋史》记湖南洞庭湖之鼋；《山堂肆考》记安徽宣州之鼋；《潇湘录》记江苏扬州之鼋，以及《丹徒县志》记载江苏丹徒之鼋；《潘阳志》记江西九江鄱阳湖之鼋等。

　　2021年8月，一只野生的鼋活体在潮州韩江鼋、花鳗鲡市级自然保护区范围内被发现，这是自2004年保护区建立以来，首次在保护区范围内发现并被成功救护的野生鼋。一只野生的鼋性成熟要10年以上，而这只被发现的鼋重约900克，两岁左右，健康状态良好。幼鼋的出现，意味着保护区内有一对以上的成年鼋。由此可以判断，潮州的韩江里面已经形成鼋的种群，虽然种群的数量、结构等情况尚不清楚。随着研究的深入，我们对鼋的认识越来越多，鼋的保育前景将越来越光明。

（二十八）蜥中之鳄——鳄蜥

中文名 ‖ 鳄蜥
拉丁学名 ‖ *Shinisaurus crocodilurus*
别名 ‖ 落水狗、大睡蛇
科 ‖ 鳄蜥科
属 ‖ 鳄蜥属
保护级别 ‖ 一级

作为一种古老的爬行动物，鳄蜥诞生于恐龙时期，一直延续至今，它们又被称为爬行界的"大熊猫"，属于第四纪冰川期残留下来的古老爬行类。鳄蜥身上长有鳞片，单看头部跟蜥蜴非常相似，但是，它身体的后半部分跟鳄鱼又非常相似，这也是它名字的由来。虽然鳄蜥的后半身和鳄鱼很相似，但是，它和鳄鱼没有什么关系。

广西很多地方的居民，对鳄蜥都非常熟悉，而且在民间，老百姓们还为鳄蜥取了很多有趣的名字，比如"落水狗""大水蛇"等，因为鳄蜥胆子小，听到声音就会惊慌地跳到水里，同时它们的习性也是喜静不喜动，经常一动不动的。

鳄蜥主要栖息于海拔750米以下植被较好的山冲溪沟之中。白天一般栖息于回水塘上方的树枝上（或藤条、蕨类叶茎上），或躲在水中探出头；夜间则在树枝上睡觉或躲藏在洞穴中。鳄蜥在水中游动时，前肢会保持不动，主要靠尾巴在水中推动身体前进。

当气温低于16℃时，鳄蜥的活动量会大幅度减少，反应也会变得迟钝，变得没有食欲，喜欢晒太阳，眼睛会时睁时闭，出现假眠的现象，但仍然会爬动，这种现象会一直持续到鳄蜥完全进入冬眠。冬眠期间，鳄蜥主要靠消耗秋季储存的脂肪来越冬，它们主要会选择洞穴、石缝、树洞、枯枝落叶层等场所越冬。等到春季温度有所上升，鳄蜥开始从冬眠中苏醒，恢复对外界的反应。

鳄蜥主要以各类昆虫为食，兼吃蚯蚓、蜘蛛、小型蛙类和小鱼，但是不吃半翅目昆虫及身上有毛、刺或警戒色的昆虫（如蜜蜂和色彩鲜艳的鳞翅目幼虫）。鳄蜥视力不好，但是两眼之间具有一只颅顶眼，具有感光作用，因此只能捕食运动的东西。鳄蜥捕到食物后会像蛇一样慢慢将猎物吞掉。

（二十九）白尾小青龙——莽山原矛头蝮

中文名 ‖ 莽山原矛头蝮
拉丁学名 ‖ *Protobothrops mangshanensis*
别名 ‖ 白尾小青龙、莽山烙铁头
科 ‖ 蝰蛇科
属 ‖ 原矛头蝮属
保护级别 ‖ 一级

在粤湘交界的南岭山脉，居住着一个古老而神秘的山地民族——瑶族。瑶族人在崇山峻岭中与猿猴为伴，与百鸟为邻，他们崇拜自然万物，按分支不同，崇拜的图腾也多种多样，如白裤瑶奉蜘蛛为图腾。根据瑶族先祖流传下来的歌谣中描述，莽山的瑶族是伏羲女娲的直系后裔，不过他们只继承了女娲的人性，女娲蛇性的一面被大山中一种名为"白尾小青龙"的蛇给继承了。千百年来，长着白尾巴的小青龙只是古老传说中的主角，瑶族现今将这种蛇视为自己的图腾。经考证，瑶族传说中的"白尾小青龙"就是我国鼎鼎大名的莽山原矛头蝮，又叫莽山烙铁头蛇。

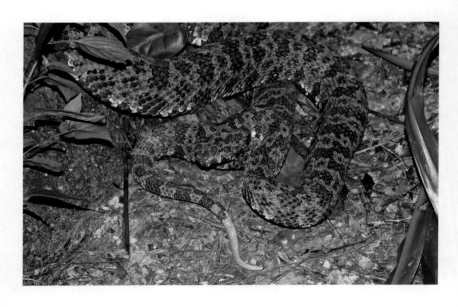

莽山原矛头蝮头和身体背面分布有草绿色与橄榄绿色的鳞片，并间杂黑褐色鳞片构成网纹图案，三色鳞片相杂形成迷彩样花纹；尾尖呈白色。人们无不为它那靓丽的青褐色的蛇身颜色、巨大三角形的头部形态、独特的白色尾巴感到惊奇。大自然的鬼斧神工，精雕细琢，变化多样的图案，体色完全和周边环境融为一体，白色的尾部是它诱捕猎物的工具，利用摆动白色尾巴模仿虫子的动作，诱捕鸟类。

由于蝰科和蟒科较早地从原蛇下目中分化出来，而且在蛇类演化中具有极其特殊的地位和重要的生态价值，莽山原矛头蝮有"蛇中熊猫"之称。它是一种十分古老原始的蛇种，由于蝰科是最早从原蛇下目中分化出去，有着完整未退化的原始身体结构特征，而且近年通过分子生物学研究，在原矛头蝮属的系统进化树上，是比较古老的一个种类。它能在南岭躲过第四纪冰川期生存千百年，与这里独特的地理环境、适宜的气候条件及丰富的森林资源息息相关。

莽山原矛头蝮是我国的特有蛇种，也是我国蝰科毒蛇中体形最大、最濒危的蛇种。

（三十）食鹿神君——缅甸蟒

中文名‖缅甸蟒

拉丁学名‖*Python bivittatus*

别名‖缅甸岩蟒、南蛇

科‖蟒科

属‖蟒属

保护级别‖二级

缅甸蟒是中国最大的无毒蛇，在《广东新语·卷二十四虫语》中记载"崖州多蚺蛇。新官至，黎人辄以蚺蛇为献。其长至丈，巨盈尺，秋时眼矇而休，茅草萌芽，自其腹出于鳞甲，春暖始可屈伸，行者视茅草盘旋即知之。性畏蓑披木，猝遇之，以蓑披木为御，人多则掊击毙之。……眶辟邪杀鬼，佩之吉祥。肉辟风寒，皮五采可绷鼗鼓。其过三十丈者曰龙皮，一端千金，波斯市之为鼓，声振百里。胆有三，旱胆能疗目疾，水胆止泻，护身胆随月，击其处则随而至"。《岭

表灵异》中记载"蚺蛇，大者五六丈，围四五尺，以次者，亦不下三四丈。围亦称是。身有斑文，如故锦缬，俚人云，春夏多于山林中等鹿过则衔之，自尾而吞，惟头角碍于口中（案，原本脱此十四字。今据《太平广记》补入）。则于树间合其首，俟鹿坏，头角坠地，鹿身方咽入腹。如此蚺蛇极羸弱，及其鹿消，壮俊悦怿，勇健于未食鹿者"。

至今，在海南大田坡鹿自然保护区，蟒蛇吞食海南坡鹿的情况时有发生，可见蟒蛇在岭南地区很常见。

缅甸蟒体形巨大，不仅能爬树，而且水性极佳，可以长时间潜伏在水中只露出鼻孔，伏击前来饮水的动物，同时其也是蟒蛇中比较耐寒冷的种类，当气温下降时会进入冬眠。

（三十一）最长的毒蛇——眼镜王蛇

中文名 ‖ 眼镜王蛇
拉丁学名 ‖ *Ophiophagus Hannah*
别名 ‖ 山万蛇、过山风
科 ‖ 眼镜蛇科
属 ‖ 眼镜王蛇属
保护级别 ‖ 二级

广东山区有句俗话"天上雷公，地下过山风"，由此可见，眼镜王蛇是一种非常厉害的毒蛇，民间俗称除了"过山风"，还会称其为"过山峰"。据考证，"过山风"的来历是眼镜王蛇在发怒时发出的"呼～呼～"的声音有别于眼镜蛇发出的短促的声音，如同山上的风声，因此粤北山区也称其为"风蛇"。"过山峰"是形容它体形很长，见首不见尾，且行动迅速。

眼镜王蛇首次被描述并详细记录是在1836年。因经常被发现于树上，一名叫康托尔的军医将它命名为汉娜（Hamadryas Hannah），而Hamadryad的意思是希腊神话中一位住在树上的仙女。后在1858年，来自德国的爬行动物学家Albert Gunther第一次提出眼镜王蛇属*Ophiophagus*（食蛇者）。

眼镜王蛇是世界上最长的毒蛇，有时会出现一些罕见的超过5米的雄性个体，野生个体最重的纪录来自2017年印度南部卡纳塔克邦雨林研究站捕获的重16千克的雄性个体。眼镜王蛇不仅是世界上体形最大的毒蛇，而且毒性极强，排毒量大。被咬者会在数分钟内引发肿胀、反胃、

腹痛、呼吸麻痹，出现言语障碍、昏迷等症状，人在被咬后的半小时内，如没有及时的药物治疗必定死亡。

眼镜王蛇的舌头很灵敏，能通过空气侦察敌情，辨别猎物的类别。在捕捉猎物的时候，眼镜王蛇总是精确计算注入猎物的毒液量。它们的猎物主要为其他蛇类，如鼠蛇、体形适合的蟒蛇、毒蛇，甚至会吃掉较小的同类，正如眼镜王蛇那带有"食蛇者"意思的拉丁学名所形容。

眼镜王蛇是唯一有筑巢护卵习性的蛇类，在护卵期间，会驱赶或攻击接近巢穴的人或动物，所以民间传闻眼镜王蛇"追人"的事件通常都有季节性。

科学家在研究中，发现一个与眼镜王蛇有关的、很有意思的谜团，至今没有解开。印度学者们追踪的一条公蛇，它已经在20千米^{2}以内，杀害了两条拒绝交配并且怀孕的母蛇。研究人员一直不能理解的是，是公蛇凶残的本性杀害了母蛇，还是在野生眼镜王蛇的国度里，因种群间竞争而杀死怀孕的母蛇纯属正常现象。

在繁殖时期，如果公蛇相遇，那么一场战争不可避免。两条公蛇的决斗中，有一个很有趣的现象，就是双方都不能咬对方，只用互相缠绕方式，最强势那条会把战败者压在身下，最后结束战斗。公蛇之间的决斗都可以不伤害性命为前提，为何公蛇对受孕的母蛇就非要采取如此极端的方式呢？也许，眼镜王蛇认为只有胜利者的子嗣才配继承王位，所以，它们才会极其残忍地将母蛇杀害。最终的答案只能在学者们的研究中慢慢寻找了。

（三十二）崖壁之虬——角原矛头蝮

中文名 ‖ 角原矛头蝮
拉丁学名 ‖ *Protobothrops cornutus*
别名 ‖ 角烙铁头
科 ‖ 蝰科
属 ‖ 原矛头蝮属
保护级别 ‖ **二级**

虬是古代神话传说中有角的小龙。《广雅·释鱼》曰："有鳞曰蛟龙，有翼曰应龙，有角曰虬龙，无角曰螭龙。"而龙的形象因历史时期的有异而不同，纵观考古学中的龙形象和古籍中所零星见载的龙形象，龙的形成有一个从简单到复杂的过程。时间越早的龙，其形象越简单，越与蛇接近；时间越晚，龙形象越复杂，而蛇龙不分的情况在南方民族中至今犹存，由此可见龙和蛇关系甚密，龙中有蛇，蛇中有龙，不易分辨或蛇龙同物。

而在我国南岭山脉南坡的喀斯特地貌丛林中分布着一种长得像"有角的小龙"，且极为珍稀和特别的毒蛇，瑶民口中被称为"牛角龙"的小蛇，甚至有些地点以它的名字命名，例如"牛角龙坑"。霸气的名字对应的是国家二级重点保护野生动物——角原矛头蝮，是一种体形小巧、秀气精致的猎手。角原矛头蝮整体颜色如同岩石上生长的地衣，完

美地融入了石灰岩地貌的多岩石生境中，巧妙地利用自身保护色伏击睑虎、蜥蜴和小型啮齿动物。

20世纪30年代，欧洲学者Smith在越南北部的喀斯特山地第一次发现并命名了这种头上"长角"的毒蛇，之后很长时间，鲜有关于角原矛头蝮的描述记载。2003年，梁启燊等根据乳源五指山林场采集的蛇类标本命名为新属新种——角烙铁头（*Ceratrimeresurus shenlii* Liang and Liu）。但长期以来，对该新种的有效性存在争议，一些权威著作对该新种未予收录。2008年，法国学者David等对角烙铁头模式标本重新进行了研究，并同亚洲其他带角的毒蛇做比较，并根据广东英德石门台自然保护区也采得的1号该种标本，最后认为"角烙铁头"和越南的角原矛头蝮（*Protobothrops cornutus* Smith，1930）为同物异名。后面陆续又在贵州荔波、浙江仙居、广西大瑶山、福建发现有该种的分布记录。但其分布范围是呈点状分布，而非传统上的片状分布，各地种群地理间隔较远，它们的地理分布格局特殊。已有的记录显示，该种的栖息范围在地图上难以连接成片带，而是呈零星的散点状，国内的分布区常常与瑶族居住区重叠，这给该蛇增添了不少神秘色彩。

（三十三）海中"浪"者——绿海龟

中文名 ‖ 绿海龟
拉丁学名 ‖ *Chelonia mydas*
别名 ‖ 海龟、黑龟、石龟
科 ‖ 海龟科
属 ‖ 海龟属
保护级别 ‖ 一级

绿海龟背壳呈橄榄色、棕色或黑色，食物里的叶绿素积累在脂肪中，使得脂肪呈现淡绿色，因而得名"绿海龟"。

自达尔文时代起，科学家们就对海龟的导航能力感到惊讶，它们是如何能在广阔的海洋中穿行几千千米，然后回到多年前孵化筑巢的地方呢？其实海龟仅凭脑海中一张粗略的"地图"，就能完成惊人的航行壮举。但在修正方向之前，它们有时会偏离航线很远。迪肯大学的科学家曾经用卫星追踪了海龟前往海上孤岛的路线，发现它们并不能精确地到达目的地。虽然海龟的导航系统并不完美，但当它们偏离航线时，它们可以在辽阔的海洋上修正航线。这些发现支持了之前的猜想，即海龟在辽阔的海洋上依靠地磁场导航。尽管之前已有很多科学家研究了海龟的导航问题，但还缺失很多细节，部分原因可能是大多数海龟会回到大陆海岸，而这也是最容易找到的地方。为了解绿海龟的活动范围，并确定需要保护的关键区域，科学家们给33只绿海龟贴上卫星标签并记录它们迁徙的路线。结果发现，绿海龟会从印度洋戈加西亚岛的筑巢海滩出发，穿越大洋迁徙到西印度洋的觅食地——大多是海上孤岛。然后，他们使用基于个体的模型并结合洋流，将实际的迁徙轨迹与候选的导航模型进行比较后发现，33只海龟中有28只并没有每天精确地调整自己的方向。因此，这些海龟有时会偏离预想的路线很远，然后在宽阔

周婷 摄

周婷 摄

海域上修正方向。研究人员表示，海龟经常不能精确地到达目的地，或者花上几个星期去寻找目标。海龟迁徙的距离让人感到惊讶，研究结果发现有6只海龟途经4 000多千米抵达东非海岸。新的研究发现为"海龟会在宽阔海域使用导航系统"这一观点提供了支持，同时也证明了迁徙的海龟有能力在宽阔海域的深水中重新定位。

绿海龟的卵在孵化的过程中，有一个有趣的点，那就是在孵化过程中的温度会决定绿海龟宝宝的性别。全球气候变暖导致的海洋温度升高将会扩大绿海龟生活范围使其向高纬度海域进行扩散，绿海龟是洄游性物种，成年后会返回出生地进行交配、生殖，环境温度升高将会减少绿海龟的产卵场。孵化时的环境温度是决定绿海龟性别的最关键因素，在低温（通常为26~28℃）条件下以雄性为主，中温（通常为28~30℃）时雄雌比例相近，而高温（30~34℃）条件下主要为雌性。

（三十四）溪林赑屃——三线闭壳龟

中文名 ‖ 三线闭壳龟
拉丁学名 ‖ *Cuora trifasciata*
别名 ‖ 金钱龟、金头龟
科 ‖ 地龟科（龟科）
属 ‖ 闭壳龟属
保护级别 ‖ 二级

三线闭壳龟的背甲呈红棕色，腹甲黑色，边缘为黄色。因其甲壳上有3条黑色纵纹，中央一条较长（幼体无），故而得名"三线"。它有另一个被人熟知的名字就是金钱龟，它的身体各部位皮肤呈橘红色，唯独在头背部有一片醒目的蜡黄色。

这种龟有特别的变形盔甲，它的背甲和腹甲可以像集装箱一样打开和闭合，在遇到危险时三线闭壳龟不仅能将头和足缩进壳内，甚至还能将龟壳前后封闭起来，故而得名"闭壳"。看起来就像把"箱盖"盖上，用外壳做盒子保护自己的身体，所以有些人也会叫它"盒龟"。

闭壳龟属属于杂食动物，喜欢吃山地的小昆虫、蚯蚓、鱼虾，有时也会吃一些浆果，有时还会吃新鲜的动物尸体。其中黄缘闭壳龟（*Cuora flavomarginata*）在我国的台湾，被称作"食蛇龟"，实际上它一般不会主动去捉蛇吃，而是会随机捕食一些体形较小的蛇类，它们会利用活动的腹甲把挣扎的蛇活活夹死后享用。

三线闭壳龟曾经广泛分布于香港、广东、广西、福建和海南等地，当地人依其特征多称其为"三线龟"。不知从何时起，富人们开始追求别墅、金钱龟、罗汉松、锦鲤、桂花树这"五大件"。许多人将锦鲤同

凌凤 摄

莫嘉琪 摄

风水联系起来，富商们因金钱龟音同"金钱归"，再加上闭壳预示"聚财"，这些象征让他们纷纷购买三线闭壳龟供养于家中，以期能带来好运。而且面对堪称人类终极恐惧的癌症，一些惜命的富人失去了最起码的理性，开始从一些偏方谣传中寻找"延年益寿"的秘密。一方面是中医古籍药方代代流传龟甲入药的种种"神奇功效"；另一方面则是一些不知真假、却绘声绘色的神奇抗癌故事，甚至还有当事人现身说法。人们对三线闭壳龟抗癌去肿瘤的"药效"可谓是深信不疑。于是野生三线闭壳龟被大量捕捉，如今已成为极危物种。

三线闭壳龟是山中的隐士，想要见到它并不容易。由于近年来人工繁殖技术的成熟，人工繁育的个体已经可满足消费市场，2021年新的《国家重点保护野生动物名录》中特别备注为"仅野外种群"，但依然有不少人铤而走险捕捉野生三线闭壳龟，以致其野外种群的数量一直处于极危，实在令人担忧。

（三十五）喀斯特精灵——英德睑虎

中文名‖英德睑虎

拉丁学名‖*Goniurosaurus yingdeensis*

别名‖睑虎

科‖睑虎科

属‖洞穴睑虎属

保护级别‖二级

我国南方地区喀斯特地貌山地气候温暖，并且广泛分布着山地、峰林、峰丛、洼地、溶洞、天坑、地上和地下河流等多种地貌形态，以及独特的岛屿状生境，形成多种多样的地域性小气候，这些都为物种的隔离分化提供了有利条件，并形成众多的特有种，南岭山脉南坡的边缘具有典型的喀斯特地貌特征，地质地貌复杂多样，峰林峡谷千奇百怪，生态景观奇特秀丽，野生动植物资源丰富，具有较高的美学、科学、生态价值。其中英德睑虎、蒲氏睑虎为广东及当地的特有种。

英德睑虎多见于石灰岩缝中，捕食各种小型昆虫，夜行性。在野外，英德睑虎遇到危险会脱落尾巴逃跑，尾巴可再生。科研人员长期研

李远球 摄

究发现，所有雄性英德睑虎的尾巴都是后来才生出来的"再生尾"，据此推测，在野外生活的雄性睑虎可能尾巴脱落得非常频繁，这可能是由于生境特殊性和分布狭窄，种群间竞争激烈造成的。

我国是世界上拥有最多睑虎属物种的国家。目前已经发现20多个物种，包括凭祥睑虎、霸王岭睑虎、英德睑虎、荔波睑虎、蒲氏睑虎、嘉道理睑虎和广西睑虎等。英德睑虎种组是广东北部特有种组。

（三十六）世界的活化石——大鲵

中文名 ‖ 大鲵
拉丁学名 ‖ *Andrias davidianus*
别名 ‖ 娃娃鱼、人鱼、孩儿鱼
科 ‖ 隐鳃鲵科
属 ‖ 大鲵属
保护级别 ‖ 二级

鲵最开始在出现在《山海经》中，被叫作人鱼或䲡（tí）鱼，《山海经·北山经》记载了人鱼的特征："决决之水出焉，而东流注于河。其中多人鱼，四足，其音如婴儿，食之无痴。"

根据书中的记载，太行山往东北走二百里，就是龙侯山。这是一座秃山，没有草木，却有很多裸露的天然金矿和玉石矿藏。决决河之水从山下的谷中流出，最终向东注入黄河。决决河中有很多人鱼，样子长得有些像䲡鱼，四只脚，叫声像婴儿啼哭。据说吃了它们的肉，可以预防和治疗痴呆症。

辞书之祖《尔雅·释鱼》也曾写道"鲵大者谓之鰕"。"鱼"指"水生动物"，"叚"意为"非原生的""寄生的"，"鱼"和"叚"联合起来表示"非原生于水的水生动物"，解释了鲵就是一种寄生于水中的陆地动物，也就是我们现代说的两栖动物。娃娃鱼学名为鲵，分小鲵和大鲵两种，大鲵又称鰕，素有"活化石"之称。它是与恐龙繁衍生息于同一时代并延续至今的珍稀物种，也是地球上现存最原始、体形最大的两栖类动物。大鲵是反映地球生物多样性、生态系统稳定性、生态环境优劣的生物指示剂。

几千年前的大鲵，它们的体形更大，因此具有被后人神化为龙的资格。《水经注·伊水》引《广志》曰："鲵鱼声如小儿啼，有四足，形如鲮鳢，可以治牛，出伊水也。"所谓"可以治牛"，当是能够制伏牛的意思，表明伊水的鲵鱼个头相当大。《本草纲目·鳞部四》称："鲵鱼，在山溪中，似鲇有四脚，长尾，能上树，声如小儿啼，故曰鲵鱼，一名人鱼。"由于鲵鱼能爬上山椒树，因此又称山椒鱼。大鲵的这种兼具水行、陆行和树行的生存能力，有可能被后人夸张成龙的上天入地入水的神奇本领。

中国大鲵野生数量的下降是灾难性的，主要是20世纪的大量捕杀食用。我们希望对其物种多样性的新认识及时到来，以支持它们的成功保护。最新的研究数据显示，中国大鲵的种群至少包含5个独立的演化支系，即陕西、四川、广西、贵州和安徽5个地域种，其中华南地区所产的是华南大鲵（*Andrias sligoi*）。

史静耸 摄

（三十七）其貌不扬的"萌系"蛟龙——香港瘰螈

中文名‖香港瘰螈

拉丁学名‖*Paramesotriton hongkongensis*

别名‖香港蝾螈

科‖蝾螈科

属‖瘰螈属

保护级别‖二级

秋冬的夜晚行走在莲花山脉一些环境较好的溪谷中，很容易见到一种形似蜥蜴，却生活在水中的生物，它就是香港瘰螈，是两栖纲中种类较少的有尾目中的成员。第一条瘰螈在香港发现，因此被命名为香港瘰螈，香港瘰螈是我国特有的两栖动物，因模式产地在中国香港而得名，2021年被列入国家二级重点保护野生动物。成年香港瘰螈的背部其貌不扬，但腹部却有鲜艳的红色斑块，警告捕食者它们是体表带毒的动物。虽然平时在陆地和水底行动缓慢，但它们遇到敌害时也能够像鱼一般快速地游动。

香港瘰螈和常见的蛙类是远亲，和大鲵（娃娃鱼）是近亲。一年大部分时间香港瘰螈都在溪边的林下生活，到了繁殖季节，它们会陆陆续续从岸上爬到水里，进行寻偶活动。香港瘰螈在夏季常休憩于湿润的森林落叶底层或朽木、石块下，秋冬的繁殖季则会从森林地面返回到溪涧中进行繁殖，在繁殖期，这时雄性的瘰螈尾巴会出现鲜艳的蓝色斑，并在雌性面前摇动它们蓝色的"旗帜"，以吸引雌性的注意，不同的雄性

间还会为争夺雌性而大打出手，雄性间会相互"摔角"，而且它们在"摔角"过程中往往会伴随撕咬。此时，人们不难在溪涧石缝的水体中发现它们在喘息的身影，有的香港瘰螈不仅破皮流血，缺胳膊少腿也是常有的事。受伤的香港瘰螈会暂时潜伏，如果伤口没有进一步感染，不久之后断肢处就会形成再生芽基，并逐渐形成新的肢体。

交配完毕后，雌性会在水边细长的植物上产下如珍珠一般的卵，有时也会将卵产在户外游客丢弃的垃圾中。新孵化的香港瘰螈蝌蚪大脑袋后面长有奇特如小辫子一样的外鳃（水生动物多为体内鳃），非常有趣，可协助其在水中呼吸，两个月后，随着成长，其外鳃会慢慢退化，体外鳃变为体内肺，最终演变为成年香港瘰螈的外形，就可以在陆地上活动了，生命周而复始地循环。

在遇到危险的时候，香港瘰螈会反转身体露出身下鲜艳的红色色斑，尾巴缠住头部，全身僵硬，通过装死的方式来迷惑对方，此时，它们的皮肤会分泌河豚毒素，分泌的黏液会有一种刺激性的臭味。这是它们用来逃避危险的特殊方式。

（三十八）蛙中虎将——虎纹蛙

中文名 ‖ 虎纹蛙
拉丁学名 ‖ *Rana rugulosus*
别名 ‖ 水鸡、田鸡
科 ‖ 叉舌蛙科
属 ‖ 虎纹蛙属
保护级别 ‖ 二级

我们可以在城郊的农田和湿地的浅滩寻到虎纹蛙的踪迹，它们是水田中的蛙类霸主，会捕食昆虫、小鱼，甚至会捕食泽蛙、黑斑蛙等蛙类和小家鼠，而且它们在虎纹蛙的食物中占有很重要的位置，看来它不仅长了一身虎纹，也的确是蛙类中名不虚传的"猛虎"。

虎纹蛙的一个突出特点是专吃农业害虫，这是由其生活环境和食性决定的。它属于食肉性动物，喜欢生活在海拔300米以下有水的地方，稻田、沟渠、池塘、水库、沼泽地等都是虎纹蛙的宜居之地。它们喜欢这样的生活环境，一个重要原因是这里有其赖以生存的食物，像蝗虫、蝶蛾、蜻蜓、甲虫等昆虫在这里比较多，而又都是它们喜欢的主食。一到晚上，它们就活跃起来，各自拿出绝技，捕食种种动物，在受到惊扰

覃海华 摄

的时候会快速地跳走或潜入水底。白天，它们便安静起来，一般是不捕捉食物的。它们猎捕的这些食物，基本都是农业害虫。因而，虎纹蛙被人们誉为"农业害虫的天敌"。

除了捕食活的食物，虎纹蛙还会吃其他动物的尸体。它们对于静止食物的选择不但凭借视觉，而且还凭借嗅觉和味觉。虎纹蛙可以直接发现和摄取静止的食物，不过，它对摄食静止的食物是有选择性的，对那些有泥腥味的食物比较偏爱，如蚯蚓、螺肉、鱼肉等。

（三十九）大自然的舞姬——金斑喙凤蝶

中文名‖金斑喙凤蝶

拉丁学名‖*Teinopalpus aureus*

别名‖无

科‖凤蝶科

属‖喙凤蝶属

保护级别‖一级

　　金斑喙凤蝶是我国最稀有的蝴蝶品种，是中国"国蝶"，也是中国唯一的蝶类国家一级保护动物，排世界八大名贵蝴蝶之首。作为我国独有的一种蝴蝶品种（后少数迁徙到中越边境地带），金斑喙凤蝶的历史极为悠久，这小小的生灵已经穿越了百万年的光阴，并且始终保持着原貌，有"世界动物活化石"的美称。

　　金斑喙凤蝶之所以在斑斓的世界里脱颖而出，究竟有怎样的生命奥

秘呢？这还要从一枚邮票说起。

1961年，中国邮电部准备发行一套20种中国蝴蝶的邮票，根据蝶类专家的意见，其中必须有一枚金斑喙凤蝶邮票。可是国内一时找不到这种蝴蝶标本，图案设计者不得不借助外国的资料。当时，在英国伦敦皇家自然博物馆的昆虫标本珍藏室里，讲解员骄傲地介绍说："这漂亮名贵的蝴蝶，名叫'金斑喙凤蝶'。它的产地在中国武夷山，全世界只有我们博物馆里才有这种蝴蝶的标本。"

1984年8月20日，中国东方标本公司采集队在武夷山自然保护区内捕获一只雄性金斑喙凤蝶。采集队历尽艰难，连续几年上山采集终有收获。同时，武夷山自然保护区研究室在整理以往采集的昆虫标本时，发现了一个前几年采集到的雌性金斑喙凤蝶标本。消息传出后，引起生物界的重视，中国从事蝴蝶研究工作50余年的李传隆教授特地从北京赶往福建，对它们进行仔细观察后激动地说："金斑喙凤蝶的寻获，填补了中国昆虫学研究的一块空白。"这只金斑喙凤蝶经有关专家鉴定，认为是世界上捕捉到的12只金斑喙凤蝶中最完美的一只，曾有一位港商愿出2万美元购得标本，被谢绝了。

金斑喙凤蝶是很有灵性的一种蝶，当它被人类捕住时，会扇动自己美丽的大翅膀，刹那间羽翼破碎、残缺不全，它以自我毁灭无声地说：你抓得住我，但得不到我美丽的翅膀。忽然想起网络上读过的一首小诗，有关蝴蝶的一段句子："蝴蝶是传说中寂寞的天使，衔着美丽的故事和忧伤。蝴蝶的前世是花朵，今生回来执着地寻找，以脆弱的翅膀。"多么动情的诗句啊，让我们陶醉于这个蜂蝶飞舞的季节里，幻想一下化身为蝶，享受着自由、和谐，如果您感觉到了幸福，请您对身边轻舞的精灵们手下留情，对它们多一份怜悯，多一份关爱，大自然是我们的，同样也是它们的！它们翅上的磷粉闪烁着幽幽绿光，前翅上各有一条弧形金绿色的斑带，后翅的尾状突出细长，飞行姿态优美，金斑喙凤蝶也被生物界学者称之为"蝶中皇后""会飞的花朵""大自然的舞姬"，也是人们梦寐以求的"梦幻蝴蝶"。

岭南莽莽的林海，遮天蔽日，林中流水潺潺，彩蝶翻飞，让世人感到神秘，金斑喙凤蝶幼虫也非常神奇，它们取食月桂和木莲类植物的叶片，化蛹为绿色或黄绿色，与桂南木莲或竹叶颜色很相似，蛹的中胸背部有喙状突起，又很难与叶尖区分，中间还有叶脉状突起，这种拟态的保护，让小鸟都很难发现它们。

现在，那些仅存的数量少得可怜的金斑喙凤蝶，正陆陆续续从春雨挂珠的杜鹃花瓣中轻盈地腾空而起，南岭、尖峰岭、大瑶山、武夷山等地都有金斑喙凤蝶飞舞的身影。在自己松涛如潮、花香如风的家园，它们意识不到危险，也体会不到人们赋予它的尊贵地位，总是那么快乐地翩翩起舞，可是，金斑喙凤蝶自由的梦还会延续多久？

（四十）金龟中的长腿模特——阳彩臂金龟

中文名‖阳彩臂金龟

拉丁学名‖*Cheirotonus jansoni*

别名‖阳长臂金龟

科‖臂金龟科

属‖彩臂金龟属

保护级别‖**二级**

阳彩臂金龟是一种大型甲虫，是甲虫中前足最长的种类，是我国特有物种，因外形奇特而威武，素有"中国甲虫长臂猿"的美誉。雄虫因拥有相当夸张的"长臂"这一特征而得名，其具体作用目前不得而知。

这种"巨型金龟子"成虫需要在开阔的空间林地进行活动，幼虫则必须生活在大型朽木中，需要2年及更长的时间才能发育完全。在它的整个生命周期中，对外部生态环境的变化相当敏感，适应能力和繁殖能力非常脆弱。自20世纪80年代起，阳彩臂金龟赖以生存的森林生态环境遭受极大的破坏，导致野外种群数量不断减少；另外，由于独特的外形，阳彩臂金龟成为观赏昆虫和另类宠物市场的热门宠物，于是山野间所存不多的这些美丽甲虫，又遭到人们的觊觎。种种原因导致该物种曾一度传言野外灭绝。

　　阳彩臂金龟从威武的甲虫世界脱颖而出，但为什么一度被传言灭绝呢？事实上它从未离开过我们，近年来在其他省区如广西、福建、四川等地都有报道。

　　随着城市化进程的加快，在夜间，许多新增的人为光源也逐步出现在以前只有星光和月光的幽暗森林中。由于阳彩臂金龟的趋光性，就开始让它朝着危险一步步地爬去。尤其是某些工地照明用的强光，更是诱使阳彩臂金龟不断地"自杀"。

　　此外，阳彩臂金龟的繁殖能力相对较弱，而它赖以生存的森林环境却不断地被人们破坏，这就使它的数量不断地减少。阳彩臂金龟生活于热带、亚热带的常绿阔叶林中，由于巨大而稀有，它一直以来保持着神秘色彩。

　　阳彩臂金龟因其笨重的身躯，很少飞翔。有时候，有些个头较大的甲虫，在飞翔的途中，受到风力阻扰，偏离了方向，一个"跟头"栽下去，可能不会再看到光线了。作为分解者，它们啃食腐木；作为媒介，它们传播花粉；作为自己，它们无时不在表达对这片土地的热爱……这些微不足道的生命痕迹，当汇聚在一起冲向光源时，就是生命要完成的不朽了吧。

三、岭南植物

（一）南国佳人——杜鹃红山茶

中文名‖杜鹃红山茶

拉丁学名‖*Camellia azalea*

别名‖杜鹃叶山茶

科‖山茶科

属‖山茶属

保护级别‖一级

杜鹃红山茶，有"植物界大熊猫"之誉。它的美艳比普通茶花有过之而无不及，集花期长、花色艳丽和叶形独特美观等优良特性于一身，观赏性极高，有"南国佳人"的美誉，又因其是世界上已发现的280多种山茶花中唯一一个夏天开花的山茶原种，成为山茶花杂交育种的珍贵资源，具极高的科研和经济价值，是国之瑰宝。

严来全 摄

1986年，中国科学院华南植物研究所卫兆芬研究员到广东阳江的鹅凰嶂保护区进行科学考察，她沿着山路徒步行走，来到一条山泉长期冲击形成的山涧，当地人称之为白木河，在小河边，她意外发现一朵以前从未见过的花，含羞而立，沐林风而濯清泉，这花形像杜鹃花，其叶形像高山杜鹃的叶，疑是"子规啼血"。经研究发现，此花却是

严来金 摄

"山茶凝香",属山茶科山茶属红山茶组,便把它命名为"杜鹃红山茶"。自此,遗世独立的杜鹃红山茶逐渐为世人所知。山茶花既有傲梅风骨,又有牡丹艳丽,自古以来就是极负盛名的木本花卉,有"世界名花"的美名,也是我国十大传统名花之一,而杜鹃红山茶的美丽比一般山茶花有过之而无不及:叶色比一般茶花油亮青绿,枝叶浓密,树形优美,显得生机盎然;花型比一般茶花大,碧绿的密叶中托出碗口大的花朵,花朵密集,花色鲜红夺目,完全当得起南国佳人的美誉。而且杜鹃红山茶四季开花,夏秋季为盛花期,打破了一般茶花只在冬春季开花的规律,独具特性,是茶花育种极其珍贵的种质资源。

2003年,杜鹃红山茶在浙江金华国际茶花会上首次展出,艳惊四座,大受茶花界和园林界追捧,其独特和美丽,决定了它在园景树、花篱、盆景等方面具有很好的开发前景。受杜鹃红山茶潜在的巨大开发价值驱动,很多苗木企业高价请当地农民上山挖苗,导致野生数量不断减少。从刚发现时的近2 000株,到2005年锐减至800余株。因野生原种下山后很难适应,存活率非常低,一度濒临灭绝边缘。幸得当地政府重视,建立保护区,对所剩800余株加强保护,才避免了绝种。800余株野生种，成为人工繁殖的珍贵种质资源。自2002年起，经过科研人员的长期摸索和技术攻关，成功研究出杜鹃红山茶理想的繁殖方式，还摸索出一套高效适用的杜鹃红山茶栽培技术。至此，杜鹃红山茶从濒临灭绝边缘挣脱出来，并携更多优良基因，走出深山，美艳人间。

继阳江市农林科学研究所（现阳江市农业科学研究所）率先研究和开发之后，广东、浙江、云南和四川等地的有关科研部门和花卉及园林企业纷纷开展保护性研究和开发。杜鹃红山茶从养在深山无人识，到走出深山进入寻常百姓家，美艳人间。而今，在我国长江以南地区，庭院、公园、景区、年宵花市都可见到杜鹃红山茶美丽的身姿，一盆盆、一株株或一片片，绿叶红花，争妍斗丽。杜鹃红山茶在7—9月盛花期，成为许多公园和景区的主题景点。

杜鹃红山茶是已发现的山茶属原种中唯一四季都开花的宝贵原种，绿叶红花，健壮美丽，唯一缺点是花型单瓣。经过十多年潜心研究，先后获得涵盖单瓣和重瓣花型、花色多样的杜鹃红山茶杂交品种"棕榈四季茶花"品系200多个，2019年10月，中华人民共和国七十华诞，因棕榈四季茶花旺盛的生命力、正合时宜的花期、极高的观赏价值和具有自主的知识产权，被设计用于"春天的故事""美丽中国"和"中国创造"的北京长安街三个主题公园立体花卉配置。普通茶花不能在金秋十月开放，而杜鹃红山茶杂交种棕榈四季茶花却在国庆期间大放异彩。

（二）会飞的孩子——坡垒

中文名 ‖ 坡垒
拉丁学名 ‖ *Hopea hainanensis*
别名 ‖ 石梓公
科 ‖ 龙脑香科
属 ‖ 坡垒属
保护级别 ‖ 一级

坡垒为海南五大特类材之一，其材质居海南树种之冠。野生资源亟须保护，人工林发展前景可观。

坡垒为我国海南特有分布种。五百年前，海南全境分布着丰富的原始森林资源，中南部山区坡垒资源也较丰富，其高大的树体使其处于林冠上层，成为热带雨林的主要建群种。

坡垒作为国家重点保护野生植物和珍贵用材树种，被越来越多的人所认识，早已跨过琼州海峡，在云南、广东、广西、福建、贵州南部等热带南亚热带地区都有成功引种，小片人工林各处可见。由于改善了生长条件，坡垒人工林比天然林生长快很多，各地植物园、树木园也都争相引种，在海南儋州热带树木园、海口金牛岭公园、广东树木园、广西夏石树木园、云南西双版纳植物园等，都生长得非常好，并且能开花结实。

随着坡垒的种实生长成熟，种实2片对称的萼片会伸长生长扩大成翅，为长圆形或倒披针形，活像一对会飞的翅膀。春季，坡垒通过其种实的"翅膀"由绿色变成赭红色，来告诉人们种实已成熟。这时，若有风吹过，坡垒的这些"孩子们"会依依不舍地脱离母树，成群地随风飞舞起来，飘向远方，在所到之处，生根发芽，繁衍生息，如此不断扩大范围，永续后代。这些都是坡垒在为自己的传播和繁殖进化的结果。

坡垒最大的特征和用途当属其木材，现在坡垒多用于高档家具和雕刻等，其纹理美观，切面油润光泽，具有天然香味深受广大人民的喜欢。坡垒的树脂中含丰富的古芸香脂，芳香四溢，香味经久，为名贵的香料，可与沉香、檀香、麝香并称为四大香中圣品。另外，坡垒为常绿阔叶树种，树体高大、挺拔，干形通直、枝叶茂盛，新生嫩叶呈红色，可作为园林绿化的理想树种。

坡垒木材价格昂贵，根雕盛行，利益驱动下，偷伐现象时有发生。令人难以忘记的是，2009年3月，我们在坡垒野外调查研究过程中，标定了一株胸径47厘米的坡垒大树，设了固定样地，拟对其生态环境、开花结实、子代生长进行长期跟踪调查，结果头一年见在，次年复查时就发现被砍，连树根也被挖走，大家十分惋惜，心情十分难过。不禁感言："百年坡垒秀尖峰，一朝被砍无影踪。崇山峻岭现空洞，万物相争何日休。"

我们希望，更多的人来为坡垒及其类似天然林资源的保护和发展贡献一份力量。

（三）恐龙时代的"蕨王"——桫椤

中文名 ‖ 桫椤
拉丁学名 ‖ *Alsophila spinulosa*
别名 ‖ 台湾桫椤、蛇木
科 ‖ 桫椤科
属 ‖ 桫椤属
保护级别 ‖ 二级

桫椤又称"树蕨"，被誉为"蕨类植物之王"。桫椤历经沧桑，穿梭亿年，是目前为止仅有的木本蕨类植物，与恐龙同时代，有着"活化石"之称，堪称国宝。桫椤隐匿于山水之间，符合诗人向往的恬淡闲适气质，颇具文化价值；历史久远，对植物起源、进化和植物地理区系，以及古气候具有重要的研究价值；笔直中空的树干搭配宛若巨伞的叶子，极具观赏价值；桫椤笔筒、桫椤化石玉精美绝伦，深受工艺品市场喜爱，工艺价值较高；桫椤生存的立地条件严苛，有桫椤生存之处，表明其生态环境优良。

桫椤作为公认的极其珍稀的冰川前期植物，是"地球爬行动物时代"的标志植物，盛于中生代，在白垩纪—第三纪灭绝事件中幸存下来的孑遗植物。对当前仅存的木本蕨类植物桫椤这一"活化石"的探索与研究，有助于我们认识、了解这亿年的地球变化。

桫椤科作为真蕨中一个独特类群，其大多数种类拥有和树一样形状直立的树茎，故而得名树蕨。目前人类发现的最早桫椤化石源于侏罗纪，作为蕨类中古老的类群，桫椤科植物在侏罗纪至白垩纪与裸子植物构成大片森林，曾广泛分布于欧洲、美洲、亚洲，后因新生

徐永福 摄

代地壳运动使其仅能适应热带和部分亚热带地区气候，现主要分布于这类地区湿润的山地林和云雾林中，作为一种典型的孑遗植物，桫椤在古植被演化和蕨类植物系统发育等研究方面具有重要价值。

桫椤除了极高的药用价值，还具有极高的庭院观赏价值。桫椤具有优雅的外形，笔直的茎干配上洋洋洒洒的叶子，宛若一把巨伞遮天蔽日，虽历经沧桑却万劫余生，依然茎苍叶秀，高大挺拔，称得上是一件艺术品。在水热条件优越地区，桫椤可以进行园林或者庭院种植，砍断茎干可以长出不定根，经过矮化的植株适合作为观赏植物在室内进行种植，两株连心、三株并蒂，叶若巨伞遮蔽天日，好一幅壮观景象，每一株桫椤无须雕饰即为无双的艺术品。

历经地质运动沉睡于地下亿年的桫椤化石玉，以其光泽莹润、纹理温润、质色熟润又得工匠润色，便成了巧夺天工的文玩珠串、把件、摆件，懂它的人视其为珍宝，而这些爱珍宝的人们掀起了一轮桫椤化石玉的收藏热潮。桫椤的茎呈直立状，可高达6米，它的茎粗是10～20厘米，可以制作成器具，比如家具，还可雕刻成富有自然奇趣的优质笔筒。此外，桫椤的茎含有非常丰富的淀粉，甚至可以加工成面粉，然后制作成面包、面条等食物。

（四）热带雨林的储油库——油楠

中文名‖油楠

拉丁学名‖*Sindora glabra*

别名‖柴油树、香脂树

科‖豆科

属‖油楠属

保护级别‖二级

油楠为我国热带雨林的高大乔木，也称"柴油树"。油楠的显著特征是树干内部富含油状液体，经钻孔后可大量泌油，稍加处理可作燃料油使用，活似建在大森林中的天然"储油库"。此外，油楠具有香料香精开发、药用制剂研制、珍贵木材利用和庭园绿化等多种用途，应用前景广阔。

海南地处我国南端，保存着完整的原始热带雨林，植物种类丰富多样、珍稀树木千姿百态。其中，在林海茫茫中、峰峦叠嶂里不时闪现着一种热带特色的树种——油楠的身影。油楠树干通直、树冠平展，犹如一把撑开的巨伞，为海南四"楠"之一。据清代《定安县志·物产》记载："有香楠、绿楠、油楠、苦楠四种，苦楠无所取，余皆栋梁之选。"

油楠真正走进大众视野是源于中国林业科学研究院热带林业研究所黄全（1981）对油楠的报道："一般树高12～15米，胸径40～50厘米的油楠就有'油'形成；在采伐过程中，当锯到心材的'油区'时，'油就喷流而出'；伐倒后，锯面上的油仍如涌泉、涓涓流出。"由此，油楠作为"柴油树"而声名鹊起，广为大众所知和关注。由于油楠富含油液、颇具特色，人们希望在化石能源日渐枯竭的今天，充分发挥油楠的强项，在种植能源林和建立"柴油"库等方面有所建树。

物竞天择，适者生存。在漫长而久远的进化过程中，油楠练就了适应生长环境和抵御不良干扰的本领，在遭受外界不利影响时会分泌油液以形成自我保护，以免于受病原菌侵入或尽量减少被昆虫或草食动物取食的风险。另外，油液可能是受机械损伤刺激而分泌的，泌油量与防御压力呈正相关，钻孔越大越深、泌油量也越多。

油楠油理化特性与柴油相似，是重要的天然香料，可广泛应用于精油、香水、化妆品等日化产品的研发；另外，油楠油在医药方面有巨大的应用潜力。可以说，油楠是一位既懂得保护自己又乐于奉献的谦谦君子。

　　油楠是我国南方重要的珍贵用材之一，被列为国家木材储备林建设的树种之一和海南主要栽培珍贵树种。油楠树体高大挺拔、秀于林层、树冠平展、枝叶婆娑、苍翠欲滴，在热带雨林中独树一帜；当劲风疾吹，如万马奔腾，似碧波荡漾。4—5月，花序簇生于冠层，树顶金黄、舞蝶翩跹、阳光映照，蔚为壮观。7—8月，荚果成熟，类似蚌壳状（故又称蚌壳树），外部密布散生、短直硬刺，刺梢密被油滴，在阳光照射下，晶莹透亮，煜熠生辉。

（五）百折不挠的硬汉——格木

中文名‖格木
拉丁学名‖*Erythrophleum fordii*
别名‖斗登风、赤叶柴
科‖豆科
属‖格木属
保护级别‖二级

格木是国家二级保护野生植物，是我国南方传统硬木树种，应用历史长，最早可追溯到秦朝，在明清时期达到顶峰。近现代由于历史地位的认知偏差、天然资源枯竭、人工栽培困难，其应用逐渐减少，推广一波三折，尤其是在近年来珍贵树种迅速发展的大潮中相对落后。格木人工林纯林虫害严重，导致推广受到限制。遵循科学绿化思想，采取营林技术调控光照环境，实现虫害生态防控，危害显著下降，格木得到健康发展。

格木属于高档珍贵木材，应用历史长，最早可追溯到秦代，在各历史时期称谓不同。格木在宋代称为"石盐木"，北宋绍圣元年（1094年）苏轼被贬谪到广东惠州，留下了《西新桥》的诗句："千年谁在者，铁柱罗浮西。独有石盐木，白蚁不敢跻。"其中"石盐"即为格木，反映了格木在桥梁中的应用，以及木材坚硬、耐腐蚀、防虫蛀等特性。

明清时期，格木称为"铁力木""铁梨木""铁栗木"，以"铁力木"最为广泛。明代著名科学家宋应星在《天工开物》中称海舟"唯舵杆必用铁力木"因与藤黄科铁力木（*Mesua ferrea* L.）的名称混淆，木材品质不一致，导致格木落选《红木》国家标准。格木是广东、广西天然分布较广的硬木树种，在当地应用较为广泛，在明清广式家具中具有重要地位，在故宫亦有收藏，格木古家具收藏和加工在广西玉林地区较多。

历史上格木在造船、建筑上具有重要地位。江苏、广东、福建等沿海地区古船遗址均有发现格木的应用。格木建筑的典型代表为始建于明

万历元年（1573年）的广西容县真武阁，真武阁在1982年被定为全国重点文物保护单位。

格木不但木材珍贵，现代主要用于家具、木地板、雕刻等，而且根、茎、叶各器官的药用价值开发越来越

广泛，伐桩可天然产生灵芝，树冠苍翠浓密，根系发达，有根瘤，具有重要的观赏价值和生态效益，近年来在华南地区的景观林和生态林建设应用较多。

风水林在我国极具中国传统文化色彩，具有上千年的传承，充当村庄的绿色屏障，对退化生境的恢复和生物多样性的保护具有重要作用。格木在华南多地是主要的风水林构成树种，在广东、广西和福建较为多见，也成为当地特色景观的一部分。广东肇庆鼎湖山庆云寺旁的格木林、广西梧州李济深故居旁的格木林构成景点的一部分，广东封开格木林经当地林业部门考证，来自清代道光年间外任官员带回引种，而广州花都的格木古群落是明代早期军屯驻军为了保障箭杆制作材料而营建的用材林。现在，大多数格木群落既是当地重点保护的古树资源，也是集自然和历史文化于一体的教育基地。

格木是华南地区传统的乡土珍贵阔叶树种，经济、生态、社会价值兼优，其保护与利用均极具代表性。随着格木培育技术的完善，其势必在珍贵用材林培育、森林质量提升、生态文明建设、自然教育等方面发挥多样化的作用。

（六）天然抗癌先锋——海南粗榧

中文名‖海南粗榧

拉丁学名‖*Cephalotaxus mannii*

别名‖红壳松、薄叶篦子杉

科‖三尖杉科

属‖三尖杉属

保护级别‖二级

海南粗榧最大的利用价值在于它是天然抗癌药用植物，是国内含有抑瘤生物碱种类最多和含量最高的树种。

海南粗榧为常绿高大乔木，树干柱状，高耸挺拔，单株生长树冠

大，呈椭圆形或卵形，枝叶茂密，飘逸洒脱，翠色欲流，具有很好的观赏价值。海南粗榧果实为核果，卵圆形或卵状椭圆形，成熟前假种皮绿色，成熟后常呈红色，看似红枣，非常诱人，易遭各类动物侵食。

海南粗榧常散生于海拔700～1 200米山地雨林或季雨林的沟谷或溪涧密林中，就是在云雾缭绕的生长环境下，海南粗榧树体内天然合成的酯类生物碱种类最多，真可谓"藏于高山密林，吸取天地精华，孕育世间良药，普度弥留百姓"。

海南粗榧是一种残遗植物，为三尖杉科植物中分布最南的树种，对生长环境的要求很高，要求云雾缭绕，相对湿度90%以上，酷似隐居仙人，在不适宜的环境下生长不良，树冠收缩成小灌木。

海南粗榧的保护、繁殖和利用研究再次让我们认识到自然界的宝贵资源很多、很好、很奇特，值得大家去探索发现，更需要大家注重保护，合理开发利用。

（七）树中毒王——见血封喉

中文名 ‖ 见血封喉
拉丁学名 ‖ *Antiaris toxicaria*
别名 ‖ 箭毒木、剪刀树
科 ‖ 桑科
属 ‖ 见血封喉属
保护级别 ‖ 三级

在植物界，有一种让人听闻其名就毛骨悚然、避之不及的树木，名曰见血封喉。这种树"树如其名"，其流出的汁液剧毒无比，人畜如有伤口一经接触，如不及时就医就会导致窒息死亡。然而，有毒植物并非全都有害于人畜，研究了解其毒性，就可变毒为利，造福于人类，这便是中医药物学中所说的"以毒攻毒"了。

相传，美洲的古印第安人在遇到敌人入侵时，女人和儿童在后方将见血封喉的汁液涂于箭头，运到前方，供男人在战场上杀敌。印第安人因此而屡战屡胜，杀得入侵敌人魂飞胆丧，顽强地保住了自己世代居住的家园。

见血封喉在古代的战场上大显身手，为征战沙场的士兵赢得先机，因此士兵们勇猛无比，让敌军来之则败，败之则恐。一点点的汁液虽然渺小，但发挥的作用不可小觑，立下了赫赫战功，真不愧是战场上的利器。

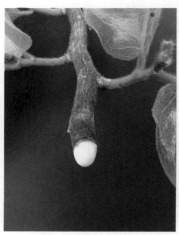

　　据传说，在云南省西双版纳最早发现见血封喉汁液含有剧毒的是一位傣族猎人。有一次，这位猎人在狩猎时被一只硕大的狗熊紧逼而被迫爬上一棵大树，可狗熊仍不放过他，紧追不舍，在生死存亡的紧要关头，这位猎人急中生智，折断一根树枝刺向正往树上爬的狗熊，结果奇迹突然发生了，狗熊立即落地而死。从那以后，西双版纳的猎人狩猎时，都用见血封喉的汁液涂在箭头上。

云南西双版纳还有"七上八下九不活"的说法，即被毒箭射中的野兽，逃窜时，上坡路最多跑七步，下坡路最多跑八步，第九步一定毙命。这么微乎其微的汁液，竟可以让体形硕大的狗熊瞬息之间毙命，可见其毒性剧烈无比，但是中毒后的兽肉可食用，没有毒性。

高大的见血封喉树常保存在华南和西南等热带地区农村村寨周围的风水林和村寨中，成为村寨周围绿化的重要树种。见血封喉参天古树，像是上天派来的守护神，落脚在岭南各地的村庄，一待就是几百年甚至上千年，他们与人和睦相处。它的挺拔高大、一身剧毒像是为了降服妖魔鬼怪而生，让来犯者心生畏惧、敬而远之，以保护村民。

历经千百年沧桑，人们对见血封喉的认识从神秘、恐惧到敬畏、熟悉。原来，见血封喉并不像它的名字那般骇人，既能与人们和谐相处，又有其独特的珍贵之处。

见血封喉树的木材不耐腐、质脆、不适于建筑，但生长迅速，树干通直、出材率高，可以作为胶合板芯、纤维板及造纸原料。其树皮纤维细长柔软，富弹性，强力大，易脱胶，可作麻类代用品。西双版纳群众喜欢把除去毒液的树皮捶松、晒干、用作床垫。据说数十年后，弹性仍可完好如初。

见血封喉是热带雨林、季雨林中重要组成树种之一，在热带雨林地区雨势往往非常强劲，地表易被冲蚀，而见血封喉有非常完整的板根，对水土的涵养能力强，有利于维护热带地区生物多样性，维系热带地区生态平衡。

（八）天然药食——余甘子

中文名 ‖ 余甘子
拉丁学名 ‖ *Phyllanthus emblica*
别名 ‖ 庵摩勒、油甘子
科 ‖ 叶下珠科
属 ‖ 叶下珠属

余甘子为药食同源植物，联合国卫生组织将其指定为可在世界推广种植的三种保健植物之一。余甘子适生范围广、经济价值高，是服务"乡村振兴"和科技扶贫的战略树种。

尽管余甘子天然分布于我国，却是随着中西文化交流加深才逐渐为我国医家和大众所熟知的。余甘子果实古称"āmra""amlaki""amlaka""amuleh""amla"，皆出自梵文，译为庵摩勒、庵婆罗。在中文典籍中，其以"庵婆罗"名字最早出现于高僧鸠摩罗什翻译的《维摩诘所说经》之中，为佛教"圣果"之一。余甘子药用价值的开发始于古印度。在《医理精华》《耆婆书》等古代印度医典中，余甘子为使用频率最高的药材之一，因古代印度僧侣皆随身携带干燥的余甘子作为治病、防病常备药物。得益于佛教在我国

的广泛传播，余甘子的药用价值亦逐渐为我国认识和接受。

在余甘子被广泛认知的过程中，"三勒浆"是重要的物质化产品载体。三勒即庵摩勒（余甘子）、毗黎勒（毛诃子）、诃黎勒（诃子）的果实。大唐盛世，万国景仰，中西方文化交流频繁。据陈明教授等研究溯源，"三勒浆"系出古印度，经波斯传入我国。以"三勒"果实为原料酿制的果酒"三勒浆"，作为异域饮品的代表，流行于隋唐社会上层，为唐代京城佳酿、"酒名著者"之一。此后，宋代、元代皆有"三勒浆"之酿制，明、清有"三勒浆"之记载，并流传至今。总之，余甘子的认知和应用具有浓重的异域色彩与佛教背景，是中华文明、中亚和南亚文明传承和交流的缩影。

余甘子果实近圆球形,多汁且肉脆;初食其果味酸较涩,食后回甜生津,深受广大消费者喜爱。余甘子较高的食用和药用价值赋予其较高的经济价值。余甘子果实有野生和栽培之分。20世纪80年代以前,我国以利用其天然资源为主。自20世纪80年代起,余甘子商品化大规模栽培。亦是从那时起,国内才大规模开展余甘子的研究和利用,果实品质也显著提升。至今,栽培余甘子已经存在多个优良种质可供林农选择。

余甘子尽得物种进化之功,具有多项本领得以适应广泛生境条件。主要表现在:一是生活型多样;二是生理生态学特征多变;三是生长节律可调;四是效率优先。为充分利用阳光、防止水分消耗,余甘子具有傍晚收缩叶片睡觉、早上太阳初升起床工作的良好工作纪律和习惯。

在怒江、金沙江、澜沧江、元江、珠江等流域的干热河谷地区,因人类活动影响,原生植被破坏殆尽,许多地方已成为裸露的荒山秃岭,生态环境遭到严重破坏。该区域是当前我国"森林中国""美丽中国"建设的攻坚战场之一;同时,该区域亦是脱贫攻坚战的主战场之一。余甘子原生于这里,对干旱瘠薄的生境条件极为适应。因此,在干热河谷地区种植余甘子,既能促进林农增收,又能促进植被恢复和群落重建,最终成为践行"两山"战略的典范!

（九）不是人间寻常物——西南桦

中文名 ‖ 西南桦

拉丁学名 ‖ *Betula alnoides*

别名 ‖ 桦桃木、亮皮树

科 ‖ 桦木科

属 ‖ 桦木属

西南桦是天然分布于我国西南华南地区的一个乡土珍贵阔叶树种，较耐贫瘠、适应性强，且生长迅速，材质优良，是中高档家具、木地板、木皮制作及室内装饰的理想用材，木材及制品价格适中，是可走入寻常百姓家的珍贵用材。

西南桦木材呈浅红褐色，纹理紧密通直，是制作高档家具、胶合板、木地板和室内装饰等的理想用材。其木材共振性能良好，亦是优良的乐器用材。

西南桦为强阳性树种，喜光，在新开路边或刀耕火种撂荒地和较大林窗内极易天然更新，是常绿阔叶林区次生林的先锋树种。其种子极其细小，结实量巨大，成熟后极易飞散，充分体现其"以量取胜"的智慧。

西南桦具有独特的季相变化，其叶片在夏季衰老，然后旱季落叶，其间整个林相呈现灰色，与周围其他树种呈现鲜明对比。落叶10余天后即可萌发新叶，嫩绿的新叶在秋季林分内格外醒目，被老百姓形象地称为"十月青"。由此可见，西南桦是具有高度"智慧"的树种，懂得取

长避短，总给人不一样的观感以获得关注。

　　西南桦，自古有名，其秀美自然的木纹被古人奉为至宝，桦和华谐音，所以也有人说桦木在古人取义时也言其华丽，由此可见其自古名木。然而，"不幸"的是，西南桦木材纹理神似欧洲的樱桃木，而樱桃木的秀丽在欧洲深受人们喜爱，特别是法国，其古典宫廷和田园风格家具全部使用樱桃木。于是一些"聪明的商人"动起了脑筋，称西南桦木材为"红樱桃"，使美丽的西南桦成了樱桃木的"替代品"。

　　20世纪末和21世纪初，随着

国家对天然林的保护及国际相关原木进口的限制，西南桦原木资源日渐枯竭，使相关西南桦加工产业陷入停顿，大量的西南桦加工厂纷纷倒闭或另谋出路。而此时国家退耕还林政策的实施，给当地居民提供了大力发展西南桦人工林的机会。

　　经过多年的深入研究，逐渐构建了一整套适合西南桦的高效培育和发展模式，现正在各地示范推广，希望能够借此提升西南桦的培育和经营水平，实现西南桦良种地域化、大径材培育高效化、森林经营可持续化、林分健康稳定化、林农收益多样化、加工利用产业化，再创西南桦的辉煌。

（十）自然的金色绸带——黄花风铃木

中文名 ‖ 黄花风铃木
拉丁学名 ‖ *Handroanthus chrysanthus*
别名 ‖ 毛风铃、毛黄钟花
科 ‖ 紫葳科
属 ‖ 风铃木属

黄花风铃木是热带地区著名的观花树种，盛花期繁花满树，花色金黄，非常壮观，具有极高的观赏价值。黄花风铃木是我国南方地区春节前后主要的黄色系观花树种，在城市绿化、景观营造中深受青睐。

说到黄花风铃木，就不得不提景观园林中大名鼎鼎的风铃木类植物。风铃木类植物花色艳丽，花量丰富，盛花期时具有密集鲜艳的风铃状花，是许多美洲国家的国花、国树。

黄花风铃木性喜高温，可以在干旱贫瘠的土地上生长。在旱季即将

结束的时候，黄花风铃木开始落叶，然后棕色的毛茸茸的花蕾开始发育。当这些芳香四溢的花朵绽放的时候，它们簇拥在一起，把整个树染成金黄色。当花朵落下之后，会在每棵树的底部形成一条黄色的地毯。

黄花风铃木既可单独种植，也可同其他植物混合布景。当黄花风铃木盛开的时节，它那耀眼的满树黄色就是整个园林景观的"C位"。

黄花风铃木花语是感谢，这与它随四季变化的风貌有关。春季枝条叶疏，鲜花绽放；夏季萌生的嫩芽伴着吊在枝丫上的荚果；秋季枝叶繁盛，一片绿油油的景象；冬季枯枝落叶，呈现出萧瑟之美。

在我国南方地区，黄花风铃木于春节前后开花，盛开时金黄的花朵簇拥在枝头，犹如黄色的灯笼迎风摇曳，在微寒的南方初春时节，彰显出勃勃的生机和幸福的寓意，为无数离家复工的人们带来新年的希望。

风铃木属植物能够生产一种密度较高、质地坚硬且耐腐蚀的木材原料。这种木材在巴西被称为"重蚁木"，价格十分昂贵，有"南美紫檀"的美称。"重蚁木"在国际木材市场大名鼎鼎，可被用于制造木制家具、手工艺品和传统乐器等。但在生活中，很少有人能将其与色彩绚丽的风铃木联系起来。

（十一）海上的防护卫士——红树林

红树林不是单一物种，而是一类植物的统称，生长在热带和亚热带地区，陆地与海洋交界的海岸潮间带滩涂上的乔木和灌木组成的木本植物群落总称。红树林生态系统是从陆地过渡到海洋的一种特殊生态系统，是生产力最高的四大海洋生态系统之一，是国际生物多样性保护和国际湿地保护的重点对象。

鸟类被誉为落入凡间的精灵，红树林为鸟类提供了丰富的食物和良好的休憩环境。红树林退潮时裸露出的广阔滩涂成为鸟类豪华的"厨房"，丰富的底栖动物是鹭类、鸻鹬类等涉禽的最爱。

红树林鸟类物种多样性与林内鱼类、虾蟹等底栖动物息息相关，红树林生境的多样化（林地、外滩涂、浅水区和潮沟）为鸟类提供了丰富的食物。在红树林中观鸟是一种独特的享受，红树林的鸟类在浅滩区域时而觅食、时而嬉戏，悠然自得。

黄源欣 摄

鹰空文 摄

木榄——茎　　　　　　　　木榄——果

　　红树林生态系统兼具陆地和海洋生态特性，展现出强大的生态功能，其特殊的立地环境能够承载500多种动植物，尤其是咸淡水交汇的河口区域，生物多样性更加丰富。红树林独特的支柱根、气生根和通气的皮孔组织是红树林适应长期潮水淹浸和洪水冲击的特殊利器，是体现防风消浪、促淤保滩、护岸固堤、净化空气和海水等生态效益的重要保障。

　　红树林湿地生态系统的生产者主要是红树植物，它们不断制造有机物质，并释放氧气供给动物和微生物生命活动。红树林是人类不可多得的宝贵财富，但由于无序的开发和利用及气候变化导致海平面上升等负面影响，全球红树林面积在不断减少。

　　红树林保护刻不容缓！

（十二）一封深情的家书——台湾相思

中文名 ‖ 台湾相思
拉丁学名 ‖ *Acacia confusa*
别名 ‖ 相思子、相思仔
科 ‖ 豆科
属 ‖ 金合欢属

相思树，寄相思。相思树是热带和亚热带地区广泛栽培的树种，它不仅寄托着人们多重的感情，更包含着丰富的生态、经济和社会价值。

相思树因其独特的称谓，被人们赋予了多种多样的含义，包含着人们多重的感情寄托。提起相思树，往往会联想到唐代著名诗人王维的《相思》："红豆生南国，春来发几枝，愿君多采撷，此物最相思。"该诗脍炙人口，广为流传，从此人们把红豆作为相思豆寄托自己的思念之情，王维笔下的相思豆为红色，而相思树的种子为黑色，可见彼相思树非此相思树。尽管如此，寄托相思之情的相思树，还是有着源远流长的历史文化，其来源被编撰成了各种凄婉动人的传说。原产于我国的台湾相思更是因其历史背景在我国积淀了丰富的文化内涵，令人回味无穷。

曾炳山 摄

学者汪新曾作诗："东南佳木影婆娑，枝叶密密凝朝露。犹如少女盼离人，台湾相思泪最多。"一叶相思生两岸，泪眼茫茫何时还。在闽南，有一首脍炙人口的《相思树下望台湾》歌谣："相思树下望台湾，咫尺海峡一水间。峡中多少相思泪，夜夜听见涛声咽。相思树下望台湾，南柯梦魂凭往还。问君几时返故土，问君何日再团圆……"两岸同样繁盛的台湾相思更是一种割舍不断的融融亲情的见证。有诗人曾这样写道：海峡两岸郁郁苍苍的相思树，每一片绿叶都是一封深情的家书。同根同源，同叶同花的台湾相思寄托了两岸人民期盼祖国统一，渴望亲人团聚的心声。

仲崇禄 摄

台湾相思属于豆科植物，具有根瘤，有固氮作用。根瘤将空气中的氮固定下来，自行制造肥料，作为大自然的馈赠，用于增加土壤的肥力，改善土壤条件，故又有"天然小化肥厂"的誉称。在华南地区流传着这样一句话："好地种桉树，差地种相思。"

相思树生长快，适应性强，耐干旱瘠薄，在我国华南地区速生丰产，困难立地造林的先锋树种，到

处可见与台湾相思同属的引进树种马占相思、大叶相思或黑木相思高大挺拔的身姿。而在低缓的平原、丘陵低山地区，即使在干旱荒芜的极端条件下，仍能看到台湾相思的坚守。台湾相思由于其根系发达，在严重的水土流失地区也能正常生长。常常作为护堤和林带外围的先锋树种，人们常常冠之以"御风卫士"和"美化倩女"的称呼。

相思树全年常绿，羽状复叶叶形飘逸，一簇簇展开的羽状复叶，柔柔弱弱，随风轻摆，惹人怜爱。待到花开满树，黄色圆柱形穗状花序或圆球形头状花序掩映在苍翠劲绿中，又是一道独特的风景。也许是这一刻，能够体会"才下眉头，却上心头"这一份心境，才让"相思"来得名正言顺。

不同的相思树有着不同的风韵和内涵。台湾相思树姿优美，冠幅大且苍翠绿荫，树冠婆娑多姿，枝条如柳枝般柔韧，羽状复叶轻盈飘逸，叶色淡黄绿。盛花期黄色花序点缀枝头，一片金黄；傍晚下班时刻，微风轻拂，阵阵幽香，沁人心脾，顿时赏心悦目，徜徉其中，恍惚间又回到了儿时的乡村。珍珠相思树皮灰绿色，薄而平滑，叶也呈灰绿至银白色，花开时团团簇拥，明亮的黄色与叶片灰白色对比鲜明，倒也是公园中一道独特的风景。相思树在华南地区大量用于行道树、园景树、遮阴树、防风树、护坡树等。在嬉戏的庭园、繁忙的校园、休闲的公园、充满欢声笑语的游乐区，甚至在静谧悠远的山间庙宇都能见到它的身影。一缕相思寄深情，片片相思天地间。相思树以其独特的作用立于天地间，向人们述说着过往的历史，也寄托着未来。

（十三）万木之王——柚木

中文名 ‖ 柚木
拉丁学名 ‖ *Tectona grandis*
别名 ‖ 脂树、紫油木
科 ‖ 马鞭草科
属 ‖ 柚木属

柚木是我国热带、南亚热带地区引种的重要珍贵用材林树种，是世界上最贵重的用材之一。

柚木天然分布于印度、缅甸、老挝和泰国北部地区，在缅甸被尊为"国树"，我国自1820年开始引种，最初主要种植于村寨、寺庙周边。柚木原生于崇奉佛教的国度，被称为"佛国来客"，在云南景洪、瑞丽等地常可看到古老高大的柚木护佑寺院。

1955年4月，周恩来赴印度尼西亚参加万隆会议，在车子上看到公路两旁的柚木高大通直，非常漂亮。周总理请人从印度尼西亚带回柚木种子交给云南省，省里又安排给立地条件好的峨山县化念农场来育种并获得成功。如今，农场的柚木最高达到30多米，它见证了农场人的艰苦

云南畹町地区柚木人工林林相

奋斗、见证了祖国南疆发展的日新月异。化念农场抓住国家开发特色小镇的机遇，统筹推进柚木特色小镇的开发，保护、管理好周总理带来的珍贵柚木，继承好艰苦奋斗的优良传统，深度融合"红色文化"、民族团结精神，力争文化传承与创新，打造具有国际国内知名度和影响力的柚木特色小镇。随着柚木故事的传扬和特色小镇的开发建设，越来越多的游客前来观赏柚木这一珍贵树种。

前人栽树，后人乘凉。植树造林从来都是造福后代的千秋功业，特别是珍贵树种，更是如此。在印度、缅甸和中国云南西双版纳、红河等地有这样的风俗，每当家里有新生儿降生，就会在房前屋后栽植一株柚木。20年后儿女娶妻出嫁，成家立业，家长把高大的柚木伐倒，来制作家具置办嫁妆，完成儿女们的终身大事。村寨四旁的柚木就是村民的绿色银行，只需要偶尔浇浇水、施点农家肥，它就会不断生长、不断增值，在生活遇到困难时及时提供帮助。

柚木全身都是宝，极具药用价值。据《中国傣药志》记载，柚木具有"祛风通血，消肿止痛，解毒止痒"等功效。

乌本桥（U Bein Bridge）坐落于缅甸阿玛拉普拉古城境内，始建于1851年，全长1 200米，也是世界上最长的木桥。整桥都是用缅甸最著

广西南宁柚木造林16个月后林相

现存最大的候姆马林一号柚木

名的柚木做成，历经近170年的岁月，至今仍可正常使用。缅甸人也把乌本桥称为"情人桥"，他们认为相恋的两人到此虔诚祈祷，可以达到"六和精神"中所要求的和谐互敬，爱情能够更加长久。如果你计划到古城曼德勒一游，一定不要忘了拜访此地。在傍晚时分，乌本桥嗡嗡作响，当地人忙碌着下班回家，有些人拉着自行车，有些人头顶堆着柴火或晚餐食材。在一排茶馆中随意坐下，放松身心，同时欣赏人潮在湖面上来回穿梭。也可乘船，在河上远观日落余晖洒在这百年的建筑上，感受这一片说不出来的祥和宁静。

柚木在古代造船业中具有重要地位，是唯一经历海水浸蚀和阳光暴晒而不翘不裂的优秀板材。为人熟知的泰坦尼克号邮轮的甲板由柚木打造，邮轮沉没后经过海水一个世纪的浸泡，被打捞上来，其甲板依然没有腐烂。

采用珍贵的缅甸柚木不仅是富豪为了装点门面的"面子工程"，而且柚木的优良特性能提供给人赏心悦目、温润如玉的"里子"。从古至今，木材作为最有价值和用途广泛的原材料之一，在文化生活和经济发展中正扮演重要角色。劳斯莱斯轿车一百周年纪念款豪华轿车夸张流畅的外形是"面子"，内饰采用缅甸金丝柚木是纯粹的"里子"。柚木温润的触感、温暖的色调、柔美的花纹，共同在车内营造出如家一般的温馨氛围。

（十四）黄金之树——檀香

中文名 ‖ 檀香
拉丁学名 ‖ *Santalum album*
别名 ‖ 东印度檀香、真檀
科 ‖ 檀香科
属 ‖ 檀香属

檀香是一种集药用、香精香料、精细雕刻及宗教用品于一体的重要珍贵用材树种，天然分布于印度尼西亚等地。

檀香作为商品输入我国已有1 500年以上的历史，最早是作为医药使用。早在南北朝梁代（502—549年），檀香就已经载入陶弘景的《名医别录》中，随后在苏敬等编撰的《唐·新修本草》（659年）中，檀香被编入紫真檀木条目下，并且对檀香的产地和分布进行了补充说明，明确指出檀香"出昆仑盘盘国，惟不生中华，人间遍有之"，意为我国虽无檀香的天然分布，但却广泛应用檀香。

我国应用檀香有悠久的历史。据报道，1987年4月，陕西省扶风县

成龄檀香木

檀香花

檀香果实

檀香根系

法门寺唐代地宫出土的佛教创始人释迦牟尼的第一枚和第三枚指骨舍利均为用檀香木制作的宝函装着，这表明我国早在1 100多年前就开始利用檀香木了。随着经济社会的快速发展，檀香输入我国的数量越来越多，应用范围也越来越广。

尽管我国应用檀香已有1 100多年的历史，但有目的性地开展引种栽培试验却仅有100年左右。台湾林业试验所最早于1913年从法国购得檀香种子，但当时因未掌握栽培管理技术，以失败告终；1916年继续从日本购入种子，虽已成功培育出幼苗，但因遭到1919年的台风袭击，林分损失殆尽，使得引种栽培计划被迫中止。

中国科学院华南植物园最早于1962年从印度尼西亚获得12粒檀香种子，并培育成活幼苗8株；随后1964年又继续引进檀香种子695粒，培育出幼苗300余株，继续开展引种造林栽培试验。1968—1974年，我国科研人员利用先后引进的两批檀香植株结下的种子，在广东、广西、云南、海南、四川等地开展扩大试种，实现檀香这一重要的珍贵经济用材树种落户中华大地。

檀香的半寄生特性最早发现于1817年，当时任印度加尔各答植物园主任的John. Scott经过反复试验后发现，移植檀香时，若不连同周围的伴生树种一同移植，则很难成活，如果砍伐清除檀香周围的伴生树种，檀香的长势就会显著受到影响甚至死亡。但直到1870年左右，科学家们才破译了檀香根系半寄生的秘密。

檀香根系区别于其他树种的最大特点在于，其根系含有大量的吸器（盘），需通过吸盘从寄主植物获得部分养分和水分才能正常生长，因此，种植檀香必须配置好寄主植物才能取得成功。尽管檀香可寄生的植物种类甚多，但仍有一定的选择性。一般而言，具固氮作用的豆科植物作为檀香寄主的效果要优于其他非固氮树种。此外，檀香吸盘不仅可吸附在多种寄主植物的根系上，还常常出现"自寄现象"，即吸盘吸附在自身的另外一根段上。

檀香又名游檀、震檀等，是由梵文"Chandana"音译而来，意味着木材香味独特且持久。檀香被用作良好的定香剂，是配制各种高级香水、香精不可缺少的基本原料，目前檀香制品从香皂到各种化妆品不下数百种。

檀香在宗教界被誉为"神圣之树"，这是因为檀香长期以来一直与各类宗教活动密切相关，特别是东方人，在传统意识里就对檀香情有独钟，赋予檀香神秘的色彩。因此，各种高档宗教用品如佛像、雕刻造型等均用檀香制作，寓意虔诚。

檀香在民间被誉为"黄金之树"，这是因为檀香全身都是宝，檀香的各个部分都是有价值的，而且价格均非常高昂，应用范围广泛。

（十五）舶来之品——槟榔

中文名 ‖ 槟榔
拉丁学名 ‖ *Areca catechu*
别名 ‖ 榔玉、宾门
科 ‖ 棕榈科
属 ‖ 槟榔属

槟榔为药食同源植物，是海南、福建、广东、台湾、湖南等地及世界各栽培地区部分群众习惯的咀嚼品，位列我国名贵的"四大南药"之首，有着"南国之宝"的美誉。

人们食用槟榔的历史相当悠久，大约公元前900年，古印度诗人马可在自己的诗里，记载了讫哩史那王带领着手下士兵嚼槟榔的情景。据历史记载，槟榔大概在汉代时期进入中国。如汉代杨孚《异物志》载："槟榔若笋竹生竿，种之精硬，引茎直上，不生枝叶，其状若柱。其颠近上未五六尺间，洪洪肿起，若瘣木焉。因坼裂，出若黍穗，无花而为实，大如桃李。又棘针重累其下，所以卫其实也。剖其上皮，煮其肤，熟而贯之，硬如干枣。以扶留古贲灰并

食，下气及宿食白虫消谷，饮啖设为口实。"汉代时期的槟榔还很稀少，主要为帝王和贵族所有，并受后代历朝皇室所喜爱。汉武帝兵征南越，以槟榔解军中瘴疠，功成后建扶荔宫于西安，广种南木，槟榔入列。事在《史记》《三辅黄图》和今广州西汉南越王博物馆有载。南唐后主李煜写他的大周后，有"烂嚼红茸，笑向檀郎唾"的词句，槟榔、美人、情郎，历历如画在目。乾隆好槟榔，两个用来装槟榔的波斯手工和田玉罐是长寿的乾隆一生挚爱，两物今存北京故宫博物院。

到了两晋和南北朝，槟榔开始在平民中广泛流行，并在文学作品中多次出现。西晋时代嵇含《南方草木状》中就出现了槟榔的记载，宋代陆游在《读史》中写道"自古功名亦偶谐，胸中要使浩无涯。可怜赫赫丹阳尹，数颗槟榔尚系怀"，明代时期海南临高的王佐在一首《咏槟榔》中写道"绿玉嚼来风味别，红潮登颊日华匀。心含湛露滋寒齿，色转丹脂已上唇"。

不论古今中外，槟榔都被作为零食来食用，受人喜爱。嚼食槟榔嚼块后所产生的欣快感和轻微兴奋性，使许多人痴迷于此。槟榔嚼块仅次于烟草、酒精和咖啡因，是世界上排名第四位广泛使用的嗜好品。印度是世界上槟榔消耗最大的国家，居世界第二的是巴布亚新几内亚，该国接近60%的居民咀嚼槟榔。传入中国后，早期由于数量稀少，未有作为零食来食用的记载，到了两晋和南北朝开始平民化之后，就开始往零食化发展了，其食用方法也被古人记载了下来，如：北魏贾思勰《齐民要术》中记载"先以槟榔著口中，又取扶留藤长一寸，古贲灰少许，同嚼之，除胸中恶气"；苏东坡被流放海南儋州，开始与黎人一起生活，目睹海南姑娘啖槟榔后，吟诗一首《题姜秀郎几间》"不用长愁挂月村，槟榔生子竹生孙。暗麝著人簪茉莉，红潮登颊醉槟榔"，他还亲自试嚼槟榔"两颊红潮增妩媚，谁知侬是醉槟榔"。南宋的周去非在《岭外代答》中记载了槟榔的经典吃法："自福建下四川，与广东、西路，皆食槟榔者。客至，不设茶，唯以槟榔为礼。其法：斯而瓜分之，水调蚬灰一铢许于蒌叶，上裹槟榔。咀嚼先吐赤水一口，而后啖其余汁，少焉，面脸潮红，故诗人有醉槟榔之句。无蚬灰处，只用石灰；无蒌叶处，只用蒌藤。广州又加丁香、桂花、三赖子诸香药，谓之香药槟榔。"

海南是我国槟榔主要产区，有不少引人入胜的风俗人情，"客至敬槟榔"就是其一。海南人把槟榔当成奢侈品对待，都是用来招待重要的客人的。清代道光年间《琼州府志》载有："亲朋来往，非槟榔不为

礼。至婚礼媒妁，通问之初，洁其槟榔。富者盛以银盒至女家，非许亲不开盒。但于盒中手占一枚，即为定礼。凡女子受聘者，谓之吃某氏槟榔。此俗延及闽广。"黎族男女恋爱、订婚、纳聘、结婚等全程都离不开槟榔。如在恋爱中，海南黎族民间情歌唱道："送口槟榔试哥心，一口槟榔一口香，二口槟榔暖心房，三口槟榔来做媒。"在黎族的订婚仪式上，男方需要带去很多槟榔送给女方，女方收到槟榔后分发给村民，意在将嫁女的喜讯告知大家，这即是黎族民间的"放槟榔"习俗。此外，海南人在交往中有用槟榔待客的风俗。凡探亲访友、劳作闲谈间，都会习惯地从衣袋里掏出槟榔，互相吃请，犹如请人吸烟一样，槟榔成了促使人际关系和谐的桥梁。也有将槟榔用于祖先和神灵祭祀的习俗。陵水、三亚等地还有春节敬槟榔的年俗，在过年的前几天，家家户户都会准备好足量的槟榔角，即把一个槟榔切成四瓣，再把蒌叶涂上特制的调料后叠成小三角状，称为"槟榔角"。

槟榔虽然有药用、食用等多种益处，但它也是一把"双刃剑"，长期过多地咀嚼槟榔也会对人体的健康产生很大的威胁，甚至是致癌。早在2003年，世界卫生组织下属的国际癌症研究中心就已经将槟榔果、含烟草的槟榔咀嚼物和不含烟草的槟榔咀嚼物都认定为一级致癌物。由于槟榔含有大量的粗纤维，食用槟榔的人在咀嚼过程中，很容易造成食物嵌塞，引发局部牙周组织炎，甚至发展咽喉炎；如果长期嚼食槟榔，还可导致嚼食者牙齿变黑、牙冠部位严重磨损、牙根纵裂等慢性损害。

当然，致癌物不是就一定会致癌，少量的服用槟榔益处还是很多的，但长期超量食用就容易引起病变，所以我们应该辩证地看待槟榔，既不能因上瘾而长期超量咀嚼食用，也不能因为它存在危害而将它"除之而后快"，要让槟榔产业健康地发展壮大起来，为社会繁荣、为人民美好生活贡献其药用、食用和经济上的有益价值。

（十六）独特的海南名片——椰子

中文名 ‖ 椰子
拉丁学名 ‖ *Cocos nucifera*
别名 ‖ 胥余、椰瓢
科 ‖ 棕榈科
属 ‖ 椰子属

椰子是典型的热带木本油料树种，由于具有极高的经济价值和观赏价值，全株皆可利用，素有"宝树"之称。椰树是海南的省树，在海南种植已有2 000多年历史，椰树身上体现的"扎根守土、坚韧不拔、无私奉献"的精神，成为独特的海南名片。

挺拔伟岸、风姿绰约的椰树，古往今来，是文人墨客笔下坚贞不屈的精神写照。北宋苏轼《椰子冠》是中国文学史上较早描写椰子的诗，"天教日饮欲全丝，美酒生林不待仪"。明代文臣邱浚著名七言诗《椰

王旭 摄

王旭 摄

林挺秀》是一首描写椰、榔的佳作，最后一句为：醉来笑吸琼浆味，不数仙家五粒松。椰树是伴随一代代海南人成长的生命树，李时珍曾写道"南人称其君长为爷，则椰取于爷义"，可以看到椰子在海南历史文化中的重要地位。

20世纪60年代，董必武先生在视察海南期间，先后写下了脍炙人口的《椰林》"海畔椰林一片青，叶高撑盖总亭亭。年年抵住台风袭，干伟花繁子实馨"和《椰庄海边黎民村》"椰子林中住，幽村乐气清。日升明向午，潮落静无声。蚌蛤寻非远，鸡豚散不争"。文学家钱锺书先生曾在"饱蠹楼书记"第二册题词："心如椰子纳群书，金匮青箱总不如，提要勾玄留指爪，忘筌他日并无鱼。"以椰子做比喻，要放开胸怀读遍天下书，寄托了自己的高远志向。

椰林挺碧空，千年难撼椰梦绵延。多少年来沉淀和堆积的椰子文化通过诗词歌赋、童话民谣在每一个椰乡人的生命中柔软温存地流淌着，传递着勇敢、坚韧和爱。

以椰树为特征的"椰树精神"，形成了热带地区独特的地域民族文化。在海南人心目中，椰树是母亲树、革命树。在战争年代，琼崖战士倚靠椰树搭棚设帐，用椰子水解渴，椰子肉充饥，椰子叶当被盖、作雨衣，掏空的老椰树做炮筒，椰子水取代葡萄糖注射液救治伤病员，还有战士靠挂在腰间的一个椰子挡住了敌人的子弹。今天的海南人把对"椰"的钟爱，以创建著名企业商标的形式表现出来，如人们熟知的椰树、椰汁、椰仙、椰岛鹿龟酒等，这些"椰"，代表了海南今天的繁盛，给海南带来了更多的财富。

海南岛，又称"椰岛"，经过千年积淀，与椰子有关的风俗文化几乎渗透到海南人民生活的方方面面。例如："婚椰"，在海南文昌地区订婚时，男方会给女方家送两棵椰苗，名订婚椰，结婚时，女方带两棵椰苗送到男方家，让新人种上，名结婚椰（夫妻椰），寓意夫妻两人，长长久久，永远陪伴，生儿育女，携手百年；"子女椰"，当结婚有孩子后，海南人会为自己的子女种下两棵椰子树，名子女椰，寓意着子女能像椰子树一样茁壮成长，将来做一个对社会对人民有益的人；"地界椰"，在土地、住宅或田地旁种的椰子会称为地界椰；"留种椰"，到每年收获椰子的时节，留下大且健壮的椰子苗，称为留种椰；还有因丈夫外出而种的盼夫椰；为纪念贵宾或亲人来访而种的纪念椰；等等。

关于海南的椰子来源，人们说法不一，勤劳善良的海南人民则运用自己的智慧赋予了椰子更多的神秘与传奇色彩，汉代之前椰子也称"越王头"，越人是黎族的先民，传说中，越王受人民拥戴，在战役胜利庆祝之时，因疏于戒备而被奸细所杀，为了能够继续守护子民，越王将身躯化为椰子树，头颅变成椰子，吓退了来犯的强盗，我们看到椰壳上的三个孔便是越王的眼睛和嘴巴。

在海南还有椰子具有灵性，果实掉落后，只砸坏人不砸好人的说法。另有一种说法是椰子树为一位海南女性，因丈夫出海捕鱼迟迟未归，妻子伫立海边盼望丈夫归来，最终变成了一棵亭亭玉立的椰子树。

椰子具有极高的经济价值，全株皆可利用，俗话说，竹有千用，椰树有一千零一用。据统计，椰子果实与椰树的用途多达360种以上，是名副其实的"摇钱树"和"宝树"。

范海阔 摄

　　椰子是极具热带特色的"宝藏作物"，是海南的象征，为海南"橡胶·槟榔·椰子"三棵树之一，椰子产业是特色富民产业。椰子在"一带一路"沿线主要热区国家皆有种植，更是东南亚各国和太平洋岛国的主要经济作物。

　　在海南岛，对于椰子的种植、生产、加工及综合利用方面正在形成越来越完善的产业链，也形成了海南地区的独有特色，当地人常自豪地称"文昌椰子半海南，东郊椰林最风光"。

（十七）神圣之树——菩提树

中文名 ‖ 菩提树

拉丁学名 ‖ *Ficus religiosa*

别名 ‖ 卑钵罗树、印度波树

科 ‖ 桑科

属 ‖ 榕属

一花一世界，一叶一菩提。菩提树又称智慧树，是佛教四大"圣树"之一。巨大的树冠形成天然穹顶，树形优美，树干通直，枝叶繁茂，具有很高的观赏性和文化内涵，常用于寺庙等园林绿化。菩提树全身是宝，树干可提取硬性橡胶；树叶可做菩提纱书签，也是治疗哮喘、糖尿病、腹泻、癫痫、胃部疾病等的传统中医药用材。

菩提树原产于印度，因此通称印度菩提树，据史籍记载南北朝梁武帝天监元年（502年），印度僧人智药三藏从西竺引种菩提树植于广州光孝寺坛前，从那以后中国才有了菩提树。

　　1954年，时任印度总理尼赫鲁来华访问，带来了一株用佛祖当年"成道"的菩提树枝条培育成的小树苗，周恩来总理以隆重的仪式接受，并亲手将这棵代表中印友谊的菩提树苗转交给中国科学院北京植物园养护，当有国内外高僧前来时，高僧们都会对这棵菩提树顶礼朝拜。

　　值得一提的是，2015年5月4日，印度总理莫迪来华访问，在西安参观时，向大慈恩寺赠送了菩提树苗。

　　"菩提"一词，原为古印度（梵语）Bodhi的音译，意为觉悟、智慧。在英语里，"菩提树"一词为peepul、Bo-Tree或Large-Tree等，有宽宏大量、大慈大悲、明辨善恶、觉悟真理之意。

　　菩提树属于小乘佛教的五树六花中的一种。《大唐西域记》："世间有三种器物应受礼拜——佛骨舍利、佛像和菩提树。"

　　随着佛教传入我国，菩提树在我国也有深远的影响。唐代初年，僧人神秀与其师兄慧能对话，写下诗句："身是菩提树，心如明镜台，时时勤拂拭，勿使惹尘埃。"慧能看后回写了一首："菩提本无树，明镜亦非台，本来无一物，何处惹尘埃。"这对师兄弟以物表意，借物论道的对话流传甚广，也使菩提树名声大振。

　　菩提树速生，易繁殖，抗逆性强，树形优美，树干挺拔，枝叶繁茂，浓荫盖地。菩提树具有特殊的观赏性，可作为优秀的园林绿化树种。菩提树除了具有一般榕属的特点外，它心形叶片前端细长的尾尖，在植物学上被称作"滴水叶尖"。人们在菩提树下可以见到树叶分泌出水悬挂在叶尖部位或由叶尖滴下，感到清凉惬意，在夏季阳光下，抬头可见菩提树在风中摇曳的心形树叶，令人心旷神怡、遐想无限。

　　菩提树一直被作为佛教文化树种用于我国南方地区的寺庙园林绿化，配合庄严肃穆的寺庙建筑恰到好处。"寺因木而名，木因寺而神"，许多古寺也因栽植其中的菩提古木而闻名于世。古树名木强化了寺庙的古意，其中不乏在悠悠历史长河中蜕变为我国自然文化遗产中璀璨夺目的瑰宝者。早在宋代，"光孝菩提"便已被列为"羊城古八景"之一。广东很多寺庙前都可以见到菩提树的踪迹，云南傣族地区也不乏菩提树的"树包塔"奇观。《修行本起经》对菩提树有如下描述："其地平正，四望清净，生草柔软，甘草盈流，花香茂洁，中有一树，高雅奇特，枝枝相次，叶叶相加，花色翁郁，如天庄饰，天幡在树顶，是则为元吉，众树林中王。"可见菩提树在人们心中具有独特的地位。

（十八）热带水果皇后——波罗蜜

中文名 ‖ 波罗蜜

拉丁学名 ‖ *Artocarpus heterophyllus*

别名 ‖ 婆那娑、阿部单

科 ‖ 桑科

属 ‖ 波罗蜜属

波罗蜜是世界著名的热带水果，也是世界上最大、最重的水果，有"热带水果皇后"之美誉，是集食用、药用、观赏等于一体的优良果树。

屈大均《广东新语》中提及，波罗蜜在南北朝时期由"西域达奚司空所植"，最先落户广东南海庙中，其他地方波罗蜜都是以此分种。而屈泽洲的《果树种类论》中说：我国于公元9世纪由西域达奚司空引进波罗蜜。然而，北魏贾思勰《齐民要术·卷十》引用南朝裴渊（420年前后）的《广州记》说广州有种果树叫槃多，"不花而结实，实从皮中出，至根著子至秒……一树皆有数十"。这里说的正是波罗蜜的基本特征，根可座果更是波罗蜜的"专利"。虽然裴渊的《广州记》已逸失，但它提供了比南朝萧统时

期更早的引种证据，说明波罗蜜的引种应该早于南朝，更早于公元9世纪，其在中国的栽培历史已有千年以上。

波罗蜜的名字，与佛教"般若波罗蜜多心经"中的波罗蜜相吻合，加之《广州记》中说"广州有种果树叫槃多"。这些巧合颇让人揣测其与佛教之间有无渊源。《本草纲目》称："菠萝蜜，梵语也，因此果味甘，故借名之。""波罗蜜"在佛教中的原意是"到彼岸"，而用佛语来称呼一种水果，使人在吃的时候不禁沉入一种神奇美妙的境界，想到遥远的彼岸是一片神秘的圣地，心里就有一种甜美和甘醇的芳香，吃了以后容易顿悟人生，达到新的境界。

波罗蜜是一种绿化和观赏兼用的树种，虽然它不像紫薇那样繁花艳丽，也没有桂花那样清香扑鼻，但其生长快，树体高大壮观，树形优美，枝条密度中等，树冠呈伞形或圆锥形，叶色浓绿亮泽，大型聚花果犹如一个个羞涩娇美的大冬瓜自树干或老枝上长出，形成了"老茎生

花"特殊景观，极富热带色彩和观赏价值。在公园、开敞的绿地及房前屋后种植，在波罗蜜成熟之季，既有绝佳的视觉景观效果，还有花果飘香的味觉效果，还能为人们提供一个阴凉清新的休憩场所。

2005年，习近平总书记首次提出"绿水青山就是金山银山"的理念，党的十八大报告提出"把生态文明建设放在突出地位，努力建设美丽中国"。波罗蜜不但可以净化空气、美化环境、为人们提供舒适的休憩环境，是优良的多用途林业的重要树种之一，也是实现绿色生态经济产业发展的理想树种。

（十九）南国特有的英雄树——木棉

中文名 ‖ 木棉
拉丁学名 ‖ *Bombax malabaricum*
别名 ‖ 吉贝、红棉、英雄树
科 ‖ 木棉科
属 ‖ 木棉属

木棉是南国特有的英雄树，树形挺拔，姿态顶天立地，枝头花瓣如染英雄鲜血，早春花开火红热烈，无须绿叶衬托，花期树下落英缤纷，花不褪色、不萎靡，花期一过落土不容半点凋零，花朵入食又能清热解毒给人温淳的关怀。木棉花色艳丽，多为深红色、红色和橘红色。海南木棉资源调查过程中发现十分罕见的黄花木棉，印度报道有浅黄色花系木棉及白花木棉。可见木棉花色繁多，色系也较为丰富，主要以黄色到红色调为主。

木棉是一种美丽的观赏花卉，春季先花后叶，花大色红，嫣红花朵染红半边天际。宋代诗人刘克庄形容，"几树半天红似染，居人云是木棉花"，大地辽阔，村落之间数株红棉怒放，枝梢红云如瀑，景色何等壮丽。宋代杨万里道，"姚黄魏紫向谁赊，郁李樱桃也没些。却是南中春色别，满城都是木棉花"，写尽了木棉花开时红云如火的壮观景象。

　　木棉花的花语是珍惜身边的人，予以快乐与幸福。因为木棉花通常在3—4月开花，所以4月11日被定为木棉花的日子。广州花园酒店、华南理工大学、中国南方航空、广州电视台使用的标志均有木棉花的图案。

　　海南岛民间流传木棉的传说：五指山有位叫吉贝的黎族老人，因带领部落族人屡次打败异族侵犯，族人尊称为部落老英雄。一次叛徒告密，吉贝老人被捕，敌人将他绑在木棉树上严刑拷打，老人威武不屈，最后被残忍杀害。老英雄身故后化作一株株木棉树，所以木棉树叫"吉贝"，以纪念这位民族老英雄。流行于广西崇左市宁明、龙州等地的壮族花朝节，是纪念百花仙子的壮族传统民俗文化节日，每年农历二月初二举行。节日里，男女青年从四面八方汇集在长有高大木棉树的地方对唱山歌，在真挚的歌声中赠花定情，抛掷绣球和互赠礼物。日落时分，人们按照传统习俗，从四周把绣球向木棉树高枝抛去，挂到木棉树上，以求百花仙子保佑爱情永结、心地洁白。

古往今来，木棉意韵多为春天、英雄、坚贞、积极向上和生机勃勃，深得仁人志士和文人墨客的钟情，古典诗词歌赋和现代影视、诗文画作中，咏唱不懈、佳作频出。早如五代孙光宪"木棉花映丛祠小，越禽声里春光晓"，意指红棉开放、春意盎然、万物复苏的清明景致。清代赵翼"峭寒催换木棉裘，倚杖郊原作近游"，状写寒冬已去，春和景明去踏青的愉悦心情。屈大均在《南海神庙古木棉歌》中写道，"十丈珊瑚是木棉，花开红比朝霞鲜"，描绘南粤大地树树红棉皆烽火的壮观和灿烂。唐代李商隐"今日致身歌舞地，木棉花暖鹧鸪飞"，借思春而怀人，缠绵不已，说不尽的离愁别绪。影响很大的《木棉花歌》是清代陈恭尹仿乐府旧题而作的乐府诗，"粤江二月三月来，千树万树朱花开……浓须大面好英雄，壮气高冠何落落！……"。诗人作为明代遗民，其父陈邦彦因抗清殉难，《木棉花歌》通过对木棉花热情洋溢的歌颂，暗喻诗人对南明王朝的深切怀念及国破家亡的忧伤。

当代诗人舒婷《都是木棉惹的祸》中写道，"木棉在南方是旺族，……早春二月，红硕的花托饱满多汁，每阵风过，落花'噗'下，溅红一地，真像呕心沥血的沉重叹息呀。……木棉的身躯笔直伟岸，花开灼灼，让人联想到热血沸腾的戎兵征将"。红棉树下，决然而去的落红无数，令人感慨良久、唏嘘不已。现代画家陈志雄以木棉为主题的《参天擎日》系列画作，声名远播，分别藏于中国驻斐济、秘鲁、乌克兰等国家大使馆。

（二十）五福临门智慧通达——南酸枣

中文名 ‖ 南酸枣

拉丁学名 ‖ *Choerospondias axillaris*

别名 ‖ 五眼果、化郎果

科 ‖ 漆树科

属 ‖ 酸枣属

南酸枣是我国南方速生乡土树种，经济价值高，果用历史长。主干通直，枝繁叶茂，花、叶果可供观赏，适宜用作行道树及风景林。

南酸枣是我国南方优良速生用材树种，木材易加工，木纹通直、花纹美观，耐腐，刨面光滑，材质柔韧轻软，可制作成上等工艺品和制造红木家具。南酸枣木材顺纹的抗剪力和抗劈力强，是家具、房屋、建筑、造船等的优质用材树种。

　　南酸枣多见于野生状态，散生于天然林，人工林资源少，湖南、江西及广东潮汕地区通过人工种植来实现其大面积成林或成材。南酸枣经过人工培育，会更速生、人工造林效果好，在森林分类经营中具有广阔的发展前景。

　　南酸枣属阳性树种，宜选择疏林下、林中空地、火烧迹地、退耕地等缓坡地或冲积地造林，立地条件越好越利于生长。造林后3年能郁闭，可用作混交林。

　　南酸枣果利用历史悠久，2006年，考古专家在广东高明古椰贝丘遗址曾发现了新石器时代遗存下来的南酸枣种子，2005年，杭州余杭良渚文化遗址中发掘出大量南酸枣种子等，表明古人已将南酸枣果实作为食物而采撷归家。1683年，四修的《万载县志》对南酸枣的加工进行了详细记载，表明人类很早就对南酸枣果实进行加工，生产更为独特的、保存期长的食物，流传至今，成为老少咸宜的休闲佳品。

南酸枣果实微酸，风味独特，营养丰富，不添加任何色素和防腐剂，是纯正天然营养健康食品，已开发枣糕、枣茶、枣果醋等系列食品。因能生津止渴，适宜旅行常备、做开胃小吃，已制作成果脯、糕点，同时还被加工成枣片、果冻、果酱、果酒、果汁饮料、泡菜等。

南酸枣产于长江以南各地包括华东、华南及西南地区，直至海南，较喜光，常与枫香、栲、木荷等混生。因喜光，常生长于疏林中，枝叶伸展、树干通直。

南酸枣在山区、平原均能种植，且在酸性、中性或钙质土壤中均能生长，天然更新效果好，萌芽能力强。此外，因其适应性强，苗期较少发生病虫害。南酸枣生长快，落叶量大，具有改善土壤肥力、保持水土的重要作用。早期的生长优势，使其成为绿化荒山、更新造林的先锋树种。

南酸枣作为漆树科植物，落叶前叶色变红，混交林内层林尽染，平添山间美色，具有较高的生态和园林观赏价值。南酸枣因其重要价值被列为湖南省木材战略储备造林及世行贷款造林项目优先选择的乡土树种。

南酸枣还具有一定的抗环境污染能力，可成为治理城市污染的树种。南酸枣被列为南京普遍绿化常见树种，但因其易掉果，被杭州"行道树家族"弃用。其实这个问题可通过种植仅开雄花的单株或嫁接只开雄花的单株来解决。

南酸枣是一个优良乡土阔叶树种，经济、生态、社会价值兼优，极具推广价值，在森林质量提升、生态文明建设中将会发挥越来越重要的作用。

（二十一）绿色钢板——海南紫荆木

中文名 ‖ 海南紫荆木
拉丁学名 ‖ *Madhuca hainanensis*
别名 ‖ 子京、海南马胡卡
科 ‖ 山榄科
属 ‖ 紫荆木属

海南紫荆木材质坚韧，可千年不腐，能与钢材比硬度，尤其适合用作造船等高强度材，沿海渔民称其为"吉祥木"。

木材按用途类别可分为特类材、一类材、二类材、三类材、四类材和五类材，海南紫荆木为海南五大特类材（降香黄檀、坡垒、海南紫荆木、母生和野荔枝）之一，极耐腐，坚硬如铁，素有"绿色钢板"之称。其材质厚重坚韧，结构密致均匀，切面暗红褐色，平滑有光泽，以前用来做机械器具、运动器械、轴承、造船、桥梁等高强度材。海南紫荆木可千年不腐，1978年，在广州南海神庙西侧鱼塘中出土的沉木曾鉴定为海南紫荆木，距今约1 110年，即此木材确为晚唐遗物，呈黑褐色，但其中心部分为深红褐色，与鲜木无异，坚硬如铁。

　　另外，以前石油钻井专用的高强度、耐磨、耐腐的泥浆搅拌棍，就是海南紫荆木。20世纪70—90年代，北京和其他许多地方古建修复、名楼建设时，也专门从海南岛采伐利用海南紫荆木。

　　沿海渔民为求出海一帆风顺，用物讲究，过去很喜欢用海南紫荆木造船，视其为"吉祥木"，说是驾驶海南紫荆木建造的渔船，能顺顺利利，满载而归。其实从本质上正是说明海南紫荆木材质优良，适合用来造船，所建船舶经久耐用，厚实沉稳，性能良好，给人适用、安全、可

靠的感觉，因此象征吉祥。一些懂行的人就喜欢收集老船木，其中不少就是海南紫荆木，历久弥新，加工成古典家具，颇具收藏价值。

海南紫荆木果实为浆果，味甜可食，在收集海南紫荆木种质资源时，品尝完美味果肉后，即得其种子，两全其美，苦中有乐，甚是欢心。但事情往往具有两面性，海南紫荆木果实更是各类鸟、兽青睐的美味佳肴。曾在野外调查时，遇到了一大群的野生猴子，还遇到过松鼠和鸟群，甚至连种子也被取食完。这使得海南紫荆木的天然更新更加困难，在其分布区内很难见到树下有小苗，因此，加强天然群体的保护和人工林的发展显得尤为重要。

海南紫荆木主要以播种繁殖，为防止鸟兽侵食，果熟时要及时采收。采回后要堆放数天，待果肉软化后，挤出种子，用水洗净。种子长椭圆形，两侧扁，黄色至褐色，光亮。种子不能暴晒，直接播种。海南紫荆木也可嫁接繁殖。海南紫荆木造林宜选择热量足、雨量充沛的地点，现已各处人工引种。

海南紫荆木繁殖容易，生长亦佳，适应性好，发展前景良好，希望更多的人来关注和发展我国这一特有乡土珍贵特类用材树种。

（二十二）国际友谊的传承者——五桠果

中文名 ‖ 五桠果
拉丁学名 ‖ *Dillenia indica*
别名 ‖ 第伦桃、拟枇杷
科 ‖ 五桠果科
属 ‖ 五桠果属

五桠果是热带多用途常绿木本植物，树形壮观，叶形美丽，喜光耐热不耐涝，在园林绿化上应用广泛。果实硕大，味酸可食（但非传统意义上的水果）。木材材质优良。

"第伦桃"这一别称的由来，背后有一段令人感动的科学家故事。故事要从英国牛津大学植物家Johann Jakob Dillenius教授说起。他是德国人，于1721年8月离开德国赴英国居住。他曾写过几部描述植物的著作，在英国乃至世界植物学领域具有重要影响力。1728年，他成为牛津大学的第一位植物学教授，写成了他最著名的著作《埃尔特姆植物园》。1735年，瑞典博物学家和植物学家林奈拜访了Dillenius，并把自己的《植物学批判》一书题献给他。1753年，鉴于Dillenius对国际植物学研究的学术贡献，也为了纪念这位好

友，林奈在发表五桠果模式种的学术论文时以Dillenius的姓氏命名了五桠果属（*Dillenia*）。

在我国各类文献中，Dillenius这一姓氏的常见中文译名有"蒂伦尼乌斯""迪勒纽斯"等几个版本。我们推测"第伦"的叫法，应是综合考虑了"蒂伦尼乌斯"和"迪勒纽斯"等不同译名；加上该种植物的果实形似桃子（属于蔷薇科），就有了"第伦桃"的称呼，也体现我国植物学界对Dillenius教授学术价值的广泛认同和对科学前辈的深深纪念。

　　说起"象苹果桠果木"这一别名，背后还有一段值得颂扬的国际友谊故事。

　　故事要从英国王室说起。1986年10月12—18日，伊丽莎白二世女王访华，曾引起不小的轰动，留下珍贵的历史镜头。伊丽莎白二世也成为第一位对我国进行国事访问的英国君主。作为同行者，10月17日，世界自然基金会会长、英国爱丁堡公爵菲利普亲王到访云南西双版纳进行热带雨林分布的考证，最终确认了龙脑香料典型树种"望天树"的存在，并亲自到西双版纳热带植物园手植了一株望天树。回国后，他积极向同事们宣传，并著书立说，向世界证实了北纬21°附近确实存在热带雨林，也使得我国成为世界上拥有热带雨林的三大地区之一。

　　2004年以来，伊丽莎白二世女王的次子安德鲁王子多次访华，但他是以英国国际贸易与投资特别代表的身份访问我国。2015年3月1日，英国剑桥公爵、威廉王子一行抵京，开启为期四天的首次访华之旅，先后到访北京、上海、云南三地。这是自1986年英国女王伊丽莎白二世访华之后，英国王室成员对我国最高规格的访问活动。威廉王子此行被英国媒体形容为"历史性的远东之行"，肩负提升英国王室形象、加强中国与英国商务合作的重任。3月4日上午，威廉王子抵达云南西双版纳并对中国科学院西双版纳热带植物园进行访问，这也是自1986年英国女王伊丽莎白二世访问云南后，时隔30年英国王室成员再度访问云南。在西双版纳的8个多小时里，威廉王子到民族村落感受了傣家风情，在野象谷内的中国野生亚洲象种源繁育基地看望了2005年受伤后获救的小象然然。在中国科学院西双版纳热带植物园的名人名树园，威廉王子首先探望了其祖父菲利普亲王1986年参观植物园时手植的望天树，在这棵参天大树旁，威廉王子亲手种下了一棵五桠果小树，再续双方的深厚友谊。象征友谊的五桠果，也是野象爱吃的食物之一，"象苹果桠果木"由此而来。

（二十三）小身材大能量——橄榄

中文名 ‖ 橄榄
拉丁学名 ‖ *Canarium album*
别名 ‖ 黄榄、青果
科 ‖ 橄榄科
属 ‖ 橄榄属

橄榄是我国著名的亚热带果树，宋代《三山志》云："橄榄木端直高耸，秋实，先苦后甜，脆美者曰碧玉。"果实用途广，作鲜食水果，先苦涩后甘甜，有谏果和忠果之称、吉祥果之誉，且含钙量高，有"山蚝豉"之誉；加工产品橄榄菜、凉果和蜜饯畅销国内外；入药能解诸多毒，是解毒"能手"。树脂煮熬成的"橄榄糖"用于补船，比漆胶牢固，古代潮州海商航海经商繁盛，得益于当地有丰富的橄榄木材及其树脂用于造船和补船；用作熏香料，榄香清烈，胜于黄连和枫香。种仁可食用，广式"五仁月饼"其中一仁就是橄榄种仁，也可榨油，供食用、制肥皂或其他工业用油。

郑玉德 摄

　　橄榄果生食，先苦涩后甘甜，生津润喉，益处颇多，有如忠臣之言，虽逆耳但好意良方，有谏果和忠果之称。先苦后甜是中国人接受和喜爱的人生模式，橄榄因其独特的味道，内蕴积极向上和无限希望意象，被视为吉祥之果。汉代《三辅黄图》载"汉武帝元鼎六年……起扶荔宫，从植所得奇花异木，荔枝、橄榄……"，可见橄榄在汉代就作为奇珍果树种植。晋代嵇含《南方草木状》载"橄榄味虽苦涩，咀之芬馥，胜含鸡骨香。吴时岁贡，以赐近侍。本朝自泰康后亦如之"，可见橄榄在三国时期起就作为贡品。南宋周密《齐东野语》载"橄榄，又名谏果、忠果、青果"。橄榄在宋代和元代广受青睐，不仅是一种简单食物，还是友人间馈赠礼物的新选择，有嘉果之实用，其色、香、味都受到文人雅士赞誉。黄庭坚《谢王子予送橄榄》："方怀味谏轩中果，忽见金盘橄榄来。想共余甘有瓜葛，苦中真味晚方回。"赵蕃《倪秀才惠橄榄二首》"故怜枉作近南官，南果何曾上客盘。橄榄忽来蕉作裹，欣然却作近乡看"，诗人收到友人所送橄榄十分欣喜，竟忘却身在异乡的苦闷，颇有苏东坡"日啖荔枝三百颗，不辞长作岭南人"的洒脱。元代洪希文《尝新橄榄》更是对橄榄称赞有加："橄榄如佳士，外圆实内刚，为味苦且涩，其气清以芳。侑酒解酒毒，投茶助茶香。得盐即回味，消食尤奇方。"宋元后，橄榄为佳果的传统代代相传，至今广东潮汕地区人们仍把橄榄作为佳果，逢春节都摆上一盘橄榄果，请客人品尝，有"新正如意，橄榄粒来试"的惯用祝颂语。在现代，橄榄果吃法

陈雅霜 摄

多，除作水果生吃外，还加工成凉果和蜜饯等零食。凉果"甘草榄"酸
甜可口，是岭南有名的零食。橄榄蜜饯更是畅销国内外。

　　早在汉代，人们就根据橄榄"得盐即回味"的特性，把橄榄加工后
做菜。有自家简单地用盐及香料腌后做家常菜，更有专门的作坊加工橄
榄腌菜售卖，其中最有名的是用橄榄果肉制成的"橄榄菜"。

　　榄雕，是用榄果核雕刻成工艺品。榄雕始创于广东增城新塘镇，早
在明代已经盛行。明代僧人以榄雕船赠香客以示"普渡"，至清代，榄
雕作品作贡品。历史上最出名的作品是清代咸丰年间新塘老艺人湛谷生
的《苏东坡夜游赤壁》花船，被称为榄雕之王，现存放于增城博物馆。
榄雕被列入国家级非物质文化遗产名录。现代榄雕继承传统，运用浮
雕、圆雕、镂空雕等手法，小巧玲珑，精雅别致，令人叹绝，有很高的
艺术价值。榄雕工艺品有座件、珠串、挂件、核舟等四大类50多种花式
品种，深受人们喜爱，畅销国内外。

（二十四）曾经的救命粮——火棘

中文名‖火棘
拉丁学名‖*Pyracantha fortuneana*
别名‖救军粮、火把果
科‖蔷薇科
属‖火棘属

"夏日白花密，秋来万籽红。穷乡僻壤生，曾是救军粮。"火棘果自古被用来酿酒或充饥，历史上屡屡用作救军粮和饥荒粮，因其营养成分丰富而又均衡，被誉为"袖珍苹果""微果王"，成为当今推崇的健康食品。火棘适应性强，根系发达，被国家林草局列为南方生态林造林主要灌木树种。漫山遍野的火棘野而不凡，由于具有很高的观赏价值，也被广泛用于园林绿化和盆景制作。

历史上，火棘果屡屡充当救军粮及饥荒时期民众的救命粮。传说三国时，诸葛亮请缨西进安抚边疆，一路跋山涉水，与孟获周旋。在路过顺宁（今凤庆县）无量山途中，千军徘徊于重峦叠嶂之间，辗转无路，

军粮耗尽，将士饥饿难当，人困马乏。经当地人指点，蜀兵在山崖灌木林间发现一串串鸡眼大摇曳着的小红果。诸葛亮亲自前去察看，他观察到有小鸟取食红果，想必无毒，就亲自尝试，果然味道不错，便传令官兵采食充饥。不几天，粮草运到，军威大振，几经擒纵较量，降服孟获，从此南方得以安定。孔明便给"小红果"起了"救军粮"这个具有纪念意义的名字。

据四川《巴中县志》和《南江县志》记载，清末王聪儿领导的白莲教在汉水流域和巴山南麓游击，每遇缺粮时，便以火棘果充饥，得以坚持斗争数年。

当年红四方面军在巴山腹地建立起川陕革命根据地，并坚持4年之久。其间，粮食极度短缺，部队就上山采摘红果，与麦麸和苕皮和着研磨，煮熟成"红果麦糊"食用，队伍由弱到强，红色区域逐渐扩大。1934年，李先念率领红31军在四川达州八台山下与敌人进行决定性战

林登周 摄

斗。在缺乏粮食的情况下，以火棘果充饥，冲出包围圈，消灭敌人旅部，转败为胜。因此，火棘也被称为红军粮。

火棘花期是3—5月，暮春开始开花。一般来说，伞房花序的花朵就很多了，而火棘是复伞房花序，花朵更加稠密。火棘的小花朵形状与白梅花相似，近看很美丽，远看如堆堆白雪、片片白云，呈现一派洁白雅丽的景象。此外，成语"五花八门"在古代指各行各业，而火棘花是"五花"之一，特指玩耍杂这一行。

密匝匝的花结出密匝匝的果，果实从9月开始成熟变成红色，挂果持续到翌年2月，如一串串、一簇簇的小灯笼挂满树，汇成红彤彤的一片，比红叶更灵动，构成别样的视觉盛宴。

火棘美艳动人，生命力旺盛，深受人们喜爱。吟诵火棘的诗词颇多，如明代欧阳贤的《忆江南·火棘》："深秋末，瘦草半成黄。犹见青枝含艳果，孤山晨色好风光，独赏一穹霜。"当代托夫《火棘颂》："火棘火红红似火，霜天竞放满山坡；云缭雾绕润紫气，点燃秋色入画作；果鲜果甜胜仙果，救命军粮美名播；舍身取义度众生，甘洒热血唱壮歌。"

（二十五）叶如凰羽花若凤冠——凤凰木

中文名 ‖ 凤凰木
拉丁学名 ‖ *Delonix regia*
别名 ‖ 红花楹树、火树
科 ‖ 豆科
属 ‖ 凤凰木属

凤凰木，"叶如飞凰之羽，花若丹凤之冠"，是"热带三把火"之一，伞状树冠优美，羽叶如凰，红花若染，仿佛浴火凤凰在树梢飞舞，极壮观。繁华落尽时，遍地红锦；暖风细雨后，绿云渐浓，华盖葱茏，正如"凤凰涅槃"。初夏盛花，明艳如朝霞，适逢学生毕业季，故称"毕业花"。

凤凰木集观姿、观叶、观花、观果、观根于一体，树形伟岸，羽叶翠绿。诗人陈永正赞美道"红棉有加利，凤凰木最高"，花开之时，成片的红色花朵，如火焰般盛开在高高的枝头之上，宛如祥云，火红一片。歌曲中唱到"抬首喜见有凤凰木，头也被染红，这把巨伞，更似一

幅图画，红在夹道缝之间，亮起我捞起我，如像那凤凰的火"，人与景融为一体，站在凤凰木下的这个瞬间，就连记忆都变得火热异常，正如郭小川的诗中写道"木棉树开花红了半空，凤凰树开花红了一城"。南北朝诗人庾信《见游春人诗》写道：深红莲子艳，细锦凤凰花。春暮夏初时节，湖中红莲与榭边凤凰花相映红，一派暖阳熏风的富丽景象。

凤凰木的花语是离别、思念、火热的青春。凤凰木花开六月，开在大学生临别校园之季。鲜艳的红色象征着莘莘学子的激情与梦想，盛开的花朵象征着青春绽放，期待梦想之路从此启航。海南大学校园中凤凰花一年开两季，一季开在老生走，一季开在新生来，它与蝉鸣同为毕业季象征。汕头大学、厦门大学及台湾成功大学把凤凰花定为校花，歌曲《毕业生》"蝉声中那南风吹来，校园里凤凰花开……"，咏唱不尽学子对母校的念想。宋代仇远《台城路·寄子发》中"共理瑶笙，凤凰花外听"，叙说着往事历历在目而伊人不在的无尽感怀。

凤凰木美艳动人，深得人爱，于是也有了许多关于凤凰木起源的传说。观音大士的池塘中，一对美好脱俗莲相知相亲，佛门净土无法忍受这种"爱"的亵渎，于是观音大士决定拆散或者毁灭其中一株，而莲花却选择永不分离，于是大士将他们扔进三昧真火中焚烧，莲花携手与烈火决战而力竭，惊天动地的响雷中，两道绚烂的霞光在烟火中冲向了九霄，天空中出现了两只火凤凰，凤凰飞舞，身上的茸毛落在地上，扎下了根，长出了干，生出了叶，开出了花，即是今天名动天下的凤凰木。凤凰木就像凤凰的化身，浴火重生，独一无二。

又一传说讲到，很早以前，有一小岛寸草不生，荒无人烟，一群白鹭决定定居于此，白鹭悉心开发，一些白鹭用嘴和利爪挖出泉眼，另一些白鹭则从陆地衔来各种花籽、草籽，播撒在岛上，不久之后整岛百花齐放，五彩缤纷。然而此番景象引得海底蛇王嫉妒，于是率领蛇妖兴风作浪，白鹭为了保护自己的家园与蛇妖搏斗，最后虽然赶走了蛇妖，但领头白鹭身受重伤躺在血泊之中……后来，在白鹭洒过鲜血的那一片土地上长出一棵挺拔的大树，那树的叶子，像白鹭展翅一样，那树开的

花，像白鹭的鲜血一样火红。这种树木，人们称为凤凰木；这种花，人们称为凤凰花。

凤凰木从古至今都有离别的象征意义。林清玄在散文《断鸿声里》道："想起凤凰花，遂想起平生未尽的志事；想起凤凰花，遂想起非梧不栖的凤凰。"凤凰花明丽，宛如人心中崇高的志向、火热的理想；凤凰花傲立，正如凤凰的化身。《诗经·大雅》中提道"凤凰鸣矣，于彼高岗；梧桐生矣，于彼朝阳"，少年倾慕梧桐喜欢凤凰，但在凤凰花开时必须要离开，于是把自己想象成一棵梧桐树，面对朝阳，或是一只凤凰，站立山岗。念想不变，痴心不改。

（二十六）春风涂粉黛，紫荆满羊城——洋紫荆

中文名‖洋紫荆

拉丁学名‖*Bauhinia variegata*

别名‖宫粉紫荆、宫粉羊蹄甲

科‖豆科

属‖羊蹄甲属

洋紫荆是近年来广州特有的花城印记。每年3—4月，广州大街小巷，道路两旁，粉黛枝头，花团锦簇，粉色的花朵随风摇曳，洋洋洒洒挂满枝头。"北有武大樱花，南有华农紫荆"。华南农业大学的紫荆花已和武汉大学的樱花相媲美。

羊蹄甲属（*Bauhinia*）植物约300种，该属属名*Bauhinia*为林奈以兄弟同心之意用以纪念瑞士裔法国植物学家Bauhin兄弟，因其叶片酷似羊蹄走过的脚印，中文称其为"羊蹄甲"。西方人看到其貌似兰花，形态优美，且容易培植，最初把其喻为"穷人的兰花"。香港、广州地区广泛栽植的羊蹄甲属乔木有3种，分别为羊蹄甲、洋紫荆和红花羊蹄甲。

洋紫荆是目前南方最受欢迎的羊蹄甲属植物。由于它的花朵颜色像古时妇人化妆用的"宫粉"，所以洋紫荆被很多人称之为宫粉紫荆。近年来，广州计划将紫荆花打造成"主题花景观"，成为广州花城的名片，让广州成为"宫粉紫荆之城"。除了华南农业大学的5 000多株洋紫荆，还有临江大道、人民北路、海珠湿地、麓湖公园等许多地方均为欣赏成片紫荆花海的网红打卡胜地。洋紫荆的花序较短，花朵显得很紧凑，花朵颜色非

陈勇　摄

常丰富，从淡红色至紫红色都有，花瓣颜色饱满鲜艳，尤其是最上部的一枚花瓣有一团眼状斑纹，紫色的纹路与黄色斑块错杂分布。

羊蹄甲属家族中，羊蹄甲可以说是该属的领头大哥了。每当秋冬相交之际9—11月，其率先进入盛花期。在羊蹄甲三姐妹中，其花色、形状及褶皱的花瓣均不能谓惊艳。但其花落之后，可以立马结果，冬季的羊蹄甲枝头上，往往可以看到花朵仍在开放，也挂有豆荚状的果实，花与荚果并存，亦颇为壮观。

羊蹄甲或者紫荆花之所以出名应该要归功于香港市花"紫荆花"。我们常说的香港市花"紫荆花"（1955年，华南植物研究所编写的《广州植物志》，称其为红花羊蹄甲；1967年香港市政局出版的《香港树木》中，称其为洋紫荆）应该命名为红花羊蹄甲，是羊蹄甲和洋紫荆的杂交种。通常不结实，只能通过插枝、嫁接等无性繁殖技术繁育。与洋紫荆相比，它最大的特点是一般不结实，花朵大而艳丽。

1880年，一位来自法国的神父在香港偶然见到了这种植物，他将枝条带回去插枝栽种，成功养活了。后来，这种开花灿烂的羊蹄甲属植物，迅速成为遍布香港的行道树。1965年，红花羊蹄甲正式被定为香港市花，从此被人们所熟知。特别是香港回归祖国后，作为区花的它更是名扬海内外。

1990年3月4日，香港特别行政区区旗、区徽图案征集评比揭晓，青年画家肖红设计的紫荆花和五星创意被采纳，后经整合设计成为香港区旗、区徽的中心图案。其寓意深刻，象征着香港同胞热爱祖国，祖国内地与香港和睦相处、骨肉情深。

（二十七）无人知处忽然香——醉香含笑

中文名‖醉香含笑
拉丁学名‖*Michelia macclurei*
别名‖火力楠、马氏含笑
科‖木兰科
属‖含笑属

醉香含笑别名火力楠，含笑是我国传统名花，在我国栽培历史久远，秦汉时期《神农本草经》记载："含笑出南海，有紫白二种。"其中白色含笑便包括醉香含笑。宋代范正敏的《遁斋闲览》也说过："南方花木，北地所无者，大含笑、小含笑。其花常若菡萏之未敷者，故曰含笑。"大含笑即常绿高乔木、开白花的醉香含笑等，小含笑指灌木。杨万里的《二含笑俱作秋花》一诗写道："秋来二笑再芬芳，紫笑如何白笑强。只有此花偷不得，无人知处忽然香。"虽然有很多种含笑花，但无论哪种含笑，都花香四溢，清香扑鼻。醉香含笑更是花如其名，花香醉人。

醉香含笑是南方各省区培育大径级乡土珍贵阔叶用材的优质速生树种，具有生长速度快、不易空心、材质好等特点。我国现有的珍贵树种大径级用材林资源数量相对较少，并随着我国的社会经济发展，我国大径级珍贵树种木材需求持续刚性增长，对外依存度极高，供需矛盾突出。大力培育珍贵树种及其大径级材的用材林，才能从根本上解决问题。醉香含笑属于速生珍贵树种，具有生长快、适应性高、萌芽力强的特点。主根不明显，浅根性，侧根发达。醉香含笑在造林以后，幼林生长旺盛。相对于其他的珍贵树种，醉香含笑生长速度快，成熟期早，一般25年便可主伐，随着林龄的增加，林地土壤理化性能得到显著改善，适当延长醉香含笑的主伐年龄可有效缓解地力衰退。

醉香含笑材质优良、用途广泛。木材光泽美丽，结构细、纹理直，切面不仅纹路漂亮，而且平滑顺畅，强韧硬重，干缩中等，容易加工，干燥后不易变形，耐腐性较好，有香气，是一种很好的木材，是城建和家居领域常用的原材料。

　　此外，醉香含笑是优质的食用菌原料树种，其木屑培育的香菇朵大、肉厚柄粗短、菌盖颜色深、产量高，富含粗蛋白、粗脂肪及氨基酸等营养成分。作为食用菌原料树种的开发利用极大地提高了醉香含笑间伐中小径材的利用价值。

　　醉香含笑的冠幅较大，枝叶茂密，林分的凋落物较多，凋落物可以吸收地表水和改善土壤结构，是土壤有机质的来源。林分通过凋落物的归还，丰富了土壤有机质，提高了土壤氮和全磷的水平。土壤有机质含有各种养分，在有机质缓慢分解过程中逐渐释放出来供植物吸收利用。较高的土壤有机质含量提升了土壤氮、磷、钾含量和增强微生物、酶活性，提高了土壤肥力。土壤是水源涵养能力的主体。土壤容重和孔隙是衡量土壤蓄水能力的指标。大量凋落物和腐根产生了粗大孔隙和其他非毛管孔隙，同时凋落物分解改善了土壤结构和物理性质，从而使得土壤表层易形成疏松多孔的结构。土壤疏松，土壤毛管孔隙多、非毛管孔隙多，自然含水量和毛管持水量多，土壤保水性和通气性好，水源涵养能

力高。

　　醉香含笑可营造生物防火屏障。国内外对醉香含笑的防火特性已有较为深入的研究。醉香含笑鲜叶的着火温度高达436℃，其鲜叶的水分含量亦较高，而发热量低。由此可见，对火灾有着很好的抵御作用，醉香含笑防火林带能有效地阻隔树冠火与地表火蔓延。醉香含笑是杉木的良好伴生树种。将难燃的醉香含笑与易燃针叶树混交营造，在林分中成为间歇式的限制性蔓延带，有利于阻隔林火蔓延。醉香含笑在南方省区针叶人工林分布区被广泛用来营建混交林或轮作树种，其与马尾松和杉木等针叶树混交造林，可以有效提高林分生产力，增强林分抗逆性，提高木材的产量和质量，改善林地生态环境，通过在马尾松和杉木林冠下造林，对改造低产林十分有益，同时也显著地降低了林分的燃烧性，提高了森林自身抵御火灾的能力。

　　醉香含笑树形高大通直，树冠整齐宽广，就像一把撑开的大伞一样，枝簇紧凑优美，枝繁叶茂，在城市道路的两旁种植特别具有观赏性。花色洁白，花多而密且清香，果实鲜红色，让醉香含笑深受园林绿化的欢迎，是园林绿化的优良的观花树种。醉香含笑属于南方地区的乡土阔叶树种，易于管护，用其作为城市行道树，可营造具有本土特色的

城市景观。醉香含笑寿命长，一百年生的生长势仍很旺盛。醉香含笑对空气中的污染物有良好的吸附作用，能有效吸收二氧化硫、一氧化氮等污染气体。此外，醉香含笑鲜叶水分含量高，对氟化物气体的抗性特别强，作为绿化树种，既可以起到净化空气、降低烟尘的作用，又可以美化环境。

醉香含笑的树叶、花、种子等组织器官含有丰富的植物油成分。醉香含笑植物油的开发利用，未来市场空间巨大，具有良好的植物资源开发利用的产业化潜力。

（二十八）谁道花无百日红——紫薇

中文名 ‖ 紫薇

拉丁学名 ‖ *Lagerstroemia indica*

别名 ‖ 怕痒树、百日红

科 ‖ 千屈菜科

属 ‖ 紫薇属

紫薇天赋高贵，象征富贵吉祥。栽植历史悠久，与百合、石榴和荷花并誉为夏季四大名花。紫薇树姿优美，树干光滑洁净，花色艳丽；开花时正当夏秋少花季节，花期长，故有"百日红"之称，又有"盛夏绿遮眼，此花红满堂"的赞语，是观花、观干、观根的盆景良材；根、皮、叶、花皆可入药。有趣的是，用手轻轻抚摸树干，它顶端的枝梢、叶片和花马上就会轻轻摇动起来，因而又得名为痒痒树。紫薇还有一个奇特之处，树皮年年片状剥落，树干光滑，且越老越光滑明亮，连爬树高手猴子也爬不上此种树，因而紫薇又叫猴刺脱树和无皮树。

传说远古时期有一种凶猛的野兽名叫年，吞食人类，危害人间，天庭玉帝派紫微星下凡管制年，紫微星化作紫薇花留在人间，护佑人间安宁。紫薇的文字称谓始见于东晋时期旺嘉的《拾遗记》，其中记载"至元熙元年……及诏内外四方及京邑诸宫观林卫之内，及民间园圃，皆植紫薇"，由此推断，紫薇在我国庭园栽培始期，最迟也应在南北朝前后。相传三国时期，诸葛亮隐居隆中，其庭院内就栽种着两株紫薇。唐代则兴起紫薇种植热，《唐书·百官志》中载"开元元年（713年），改中书省曰紫微省，中书令曰紫微令"，其中书侍郎就叫紫微郎。微与薇相通，后来凡任职中书省的，皆喜以紫薇称之。中书省庭院多植紫薇树。中书省有彦云："门前种株紫薇花，家中富贵又荣华。"自此紫薇与官运扯上关系，就有了"官样花"的别称。唐代杜牧官至中书舍人，有"紫薇舍人杜紫薇"别号。

紫薇在唐宋后也很受人重视。云南昆明金殿的紫薇古树为元朝栽植，今树龄约700年，仍生长良好。明嘉靖年间的《盆景偶录》将紫薇列为树桩盆景十八学士之一。明代的园艺栽培出现了银薇和翠薇等变种。紫薇花开夏秋，艳丽而不与百花争春，历来受到文人雅士吟诗作词称颂。

唐代白居易《紫薇花》："紫薇花对紫微翁，名目虽同貌不同。独占芳菲当夏景，不将颜色托春风。浔阳官舍双高树，兴善僧庭一大丛。何似苏州安置处，花堂栏下月明中。"

唐代杜牧《紫薇花》："晚迎秋露一枝新，不占园中最上春。桃李无言又何在，向风偏笑艳阳人。"

宋代杨万里诗赞："似痴如醉丽还佳，露压风欺分外斜。谁道花无红百日，紫薇长放半年花。"

南宋王十朋用"盛夏绿遮眼，此花红满堂"来形容紫薇。

明代薛蕙曰："紫薇花最久，烂漫十旬期，夏日逾秋序，新花续放枝。楚云轻掩冉，蜀锦碎参差。卧对山窗外，犹堪比凤池。"

周洪义 摄

刘宇婧 摄

　　清代陈其年《定风波》："一树瞳胧照画梁，莲衣相映斗红妆。才试麻姑千鸟爪，袅袅，无风娇影自轻杨。谁凭玉阑干细语？尔汝。檀郎原是紫薇郎。闻道花无百日红，难得，笑他团扇怕秋凉。"

　　紫薇花朵形状犹如凤冠霞帔，稍逢清风便舞动不止。清代刘灏所编《广群芳谱》中称"紫薇花一枝数颖，一颖数花。每微风至，妖娇颤动，舞燕惊鸿，未足为喻"，花如舞女，翩若惊鸿，飘飘仙袂，恍似天衣，也难怪古人称"紫薇花为高调客"。

　　紫薇栽培变种多，花色多样。按花色不同分为四类：银薇，花白色或淡茧色，叶淡绿；红薇，花粉红至深红色；翠薇，花紫红至蓝紫色，叶暗绿；复色紫薇，一花二色。

（二十九）北回归线上的多面手——壳菜果

中文名 ‖ 壳菜果

拉丁学名 ‖ *Mytilaria laosensis*

别名 ‖ 米老排、朔潘

科 ‖ 金缕梅科

属 ‖ 壳菜果属

壳菜果是一种天然分布于北回归线以南区域的常绿大乔木，是跨用材林、防护林和经济林三大林种的多用途树种。

青山永在树为本。作为我国南方森林的重要树种之一，壳菜果既不是菜也不是果，而是常绿大乔木。其具有良好的速生性和适应性，木材密度中等、结构细致、色泽美观、经久耐用。广西多处有以壳菜果为木料建造的房子，多年来未出现腐朽或虫蛀的现象，也常用作屋顶、窗户等室内装饰；广东一些加工企业也利用壳菜果木材开发户外墙板和实木家具。

绿水长流林是源。壳菜果喜欢群生，有天然林和人工林两种，均能有效改善生态环境。其根系发达，常被用作混交树种，且生长快，可营造较好的遮阴环境，并且枯枝落叶丰富，氮素等养分多且分解速度快，

提高了碳氮循环速度和土壤肥力，能加快林木的生长。壳菜果在改良土壤和水源涵养方面表现突出，具有较强的水源涵养能力。壳菜果冠大荫浓，郁闭成林快，广泛应用有利于提高森林生态系统的稳定性，发挥巨大的生态价值。

黄酮类化合物是一种广泛存在于植物中的重要物质，具有清除自由基、抗氧化、抗病毒等多种效用。壳菜果幼树叶片中的总黄酮含量较高，每100克含5 240～10 862毫克，是提取抗氧化性成分的重要原料。

《神农本草经》记载有"桐叶饲猪，肥大三倍，且易养"，自古以来劳动人民就意识到使用树叶饲养家禽家畜，成本低、效益高，并可以提高抗性。壳菜果枝条萌蘖能力强、叶片肥大，可以多次收割、成本低廉，作为植物蛋白或饲料添加剂可以有效地提高饲料的转化率，提高动物的免疫力。

随着生活水平和消费观念的变化，森林蔬菜应运而生，已然成为一种新的林下经济模式。壳菜果叶片膳食纤维含量丰富，高于辣椒等多种高膳食纤维蔬菜，有利于改善肠道健康，能够更好地降低糖尿病的发病率。合理开发利用壳菜果，建立生产基地，扶持和发展壳菜果向森林蔬菜转变，对推进林业增效和农民增收具有重要意义。

（三十）森林中的红宝石——沉水樟

中文名 ‖ 沉水樟
拉丁学名 ‖ *Cinnamomum micranthum*
别名 ‖ 牛樟、水樟、泡木樟
科 ‖ 樟科
属 ‖ 樟属

沉水樟是中国台湾特有珍贵树种，因树形粗壮坚实，又称为"牛樟"。树形高大，可用于庭院造景；木材致密坚实，纹理交错，可作高档家具、雕刻工艺品；叶含芳樟醇、多酚、单帖、类黄酮等，香气怡人，味觉独特，具有安定神经、纾压舒眠、抗菌除臭、抗衰老、提高免疫力等多种功效。沉水樟因是有"药中之王""森林中的红宝石"之称的牛樟芝的唯一天然寄主，遭到过量采伐和盗伐，野生资源稀有而珍贵。

香樟是华南最常见的樟科树种，也是南方诸多省市的特色乡土用材和绿化树种。在江西防里古村，数株三人不能合抱的香樟古树作为郁郁葱葱、浓荫苍翠的风水林，守护着一方水土。但在我国宝岛台湾，知名

王西洋 摄

度高、市场欢迎、价格昂贵、保护严密的要数樟科的另外一种——沉水樟。

沉水樟是常绿阔叶大乔木，树干通直、树体高耸，初生叶片颜色多变，极具观赏价值。沉水樟散发天然独特的怡人香味，置一块沉水樟木于室内，满室生香。沉水樟全株包括根、干、枝、叶皆可提炼成樟脑及樟脑油。

在许多人的记忆中，樟脑丸是家中衣柜里必不可少的用品，这种在室温下呈现白色或透明的蜡状小圆球就提炼自沉水樟等樟科树干中。树龄越老，樟脑含量越高。《本草纲目》载"时珍曰：樟脑出韶州、漳州。状似龙脑，白色如雪，樟树脂膏也"。

沉水樟是位列台湾地区五大名木之首，是名副其实的植物国宝，成为多年来非法盗伐的目标，被大肆掠夺式砍伐盗卖，野生资源急剧减少。近年来牛樟芝价格飙升，沉水樟古树作为牛樟芝唯一的天然寄主，遭到的破坏更为严重，目前仅零星分布于交通不便的高海拔地区，濒临灭绝危机。

沉水樟从寻常可见的树种，变成今日濒危之局面，虽有其自身天然更新困难的原因，但人为破坏、过度掠夺才是罪魁祸首。有学者认为，现存的野生沉水樟均为过熟林，在中高山区呈单株分布，虫媒授粉困难，导致结实量少。加之天气不利于种子发育，发芽率极低，且种子易被鸟类及松鼠等动物啄食，故林下天然更新殊为不易。

目前国内沉水樟种质资源保护逐渐受到重视，对保护沉水樟资源多样性及可持续利用意义重大。文献资料显示，海南、广东、福建、江西、云南等省均有少量引种，通过扦插和组培技术已能成功繁育大量苗木。

牛樟芝腐生于沉水樟树腐朽中空树干的内壁，或枯死倒木阴暗潮湿的表面，或寄生于沉水樟活立木上，由于其寄生病源性并不强，因此沉水樟树很少死亡，可生长数百年。牛樟芝数量极其稀少，生长速度缓慢，每年生长厚度仅数厘米，生长年份愈久价值愈高。台湾同胞把牛樟芝视为独特而珍贵的药用真菌，赋予其极高的研究和商业价值，也是目前台湾昂贵的野生真菌，台湾民间称之为"森林中的红宝石"。

（三十一）自古异名多——苹婆

中文名 ‖ 苹婆
拉丁学名 ‖ *Sterculia nobilis*
别名 ‖ 七姐果、凤眼果
科 ‖ 梧桐科
属 ‖ 苹婆属

苹婆树冠卵球形，圆满端庄，树干通直，树形优美。枝叶茂密，遮阴效果好。花繁多，形似皇冠，高雅美丽。果熟时果荚红色，裂开时露出黑褐色种子，酷似凤凰的眼睛，奇特艳丽。种仁可食，风味似板栗而优于板栗，且富含营养物质。适应性强，繁殖容易，生长较快，6～7年树龄就开始开花结果。是集观赏、绿化、林果、药用于一身的优良乡土树种。

苹婆原产我国南部，有近千年的栽培历史，因寓意多用途多，取名就随之而多。别名有频婆、九层皮、凤眼果、罗晃子、潘安果、七姐果、六旺树等。

频婆，元大德年间（1297—1307年）陈大震编《南海志》云："贫婆

子大如肥皂，核焖熟如栗。旧传三藏法师从西域携至，植于本韶州月华寺，今多有之。频——作贫，梵语谓之丛林，以其叶成丛也。"

九层皮，见于《君子堂日询手镜》中"有名九层皮者，脱至九层方见肉，熟而食之类如栗"，形容其有多层种皮。

凤眼果，此名最早见于清代《植物名实图考》中"盖其鲜红修长的果荚成熟时迸绽裂开，露出里面黑色种子状犹如凤凰张目"。这是现今最常用的苹婆别名。

罗晃子，见于《本草纲目》，以其种子表面光滑油亮而取名。

乔永海 摄

潘安果，见于《生草药性备要》，西晋第一美男子因相貌俊美，每乘车出游受倾慕者携手绕车，投花掷果，获水果满车而归。他常吃水果，营养丰富，对身体大有益处，越发俊美。借这一典故取名，足见本种果品药效之佳。

七姐果，见于《广州植物志》。在珠江三角洲和粤西一带，有这样的风俗：每年农历七月初七（七姐诞）这一天晚上，姑娘们就会穿上新衣服，摆上时令果品拜祭七姐，向仙女七姐乞求赐巧，而此时正是苹婆果熟期，其果仁是上好的食品，自然就成为供奉品首选，因此而得名七姐果。

六旺树，是广西梧州及周边地区民间对苹婆的俗称，寓意"六六大顺、兴旺发达"，2018年4月27日苹婆被确定为梧州市树。而今，梧州大街小巷、住宅小区和单位庭院随处可见六旺树优美的身姿。

苹婆是我国南部自古就有的乡土树种，民间认为，唐三藏法师也赏识此物，从西域带回种植（当时因对植物各地分布的认知有限，法师未知岭南已有此树），佛缘深厚，其果像凤凰张眼，是瑞祥之树，因此，庭园多植有苹婆树，希望富贵吉祥。广东汕头澄海南砂的卓峰山房，有一株现树龄148年的苹婆古树，每年开花时节，引来各路"花痴"绕树流连，更有文人墨客树下抒怀作赋，妙笔写画，有"花如黛玉，果如潘安""玉洁冰清，阆苑仙葩"等语句。令人称奇的是苹婆树旁的圆月门的对联"实仁实意实智，也人也佛也仙"，与苹婆佛缘深厚、仙气十足、仁智皆有的寓意十分贴切。

苹婆圆锥花序大，每一花序集生着密密麻麻的小花。花序长满枝头，与绿叶相拥，俯瞰树冠像一把撑开的巨大花伞，仰观又如一幅花瀑布。

果实为蓇葖果，酷似凤凰张开眼睛，裂开的果皮束犹如盛开的花朵，鲜红夺目，呈现一派吉祥喜庆景象。清代李调元曾有诗云："虞翻宅里起秋风，翠叶玲珑剪未工，错认如花枝上艳，不知荚子缀猩红。"传说广州光孝寺所在地，以前曾是三国时虞翻故宅，院内有苹婆树，叶

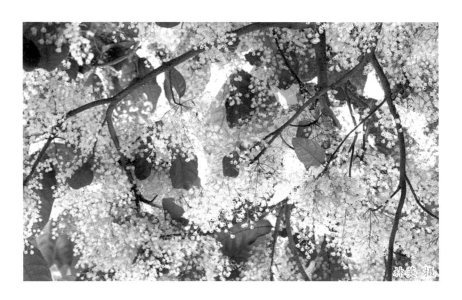

林英 摄

翠花玲珑，荚子猩红，游人不知是果，误认作是花。

去除苹婆种子的种壳及几层内种皮，露出金黄的种仁，这是食用的部分。食用方法有多样，以在成熟季吃鲜种为佳，也可制成干果备用。煮熟的种仁吃起来爽中带韧，韧中有粉，又香又甜，比板栗更有风味，在广东常用于烹饪名菜和煲靓汤。如凤眼果焖鸡和凤眼果烧肉，被列入岭南名菜，这两样名菜在《舌尖上的中国》中榜上有名。

苹婆浑身都是宝，除果皮、果仁、木材、树皮各有用处外，树叶也有用处，因叶大而韧且两面光洁，广东人常用来包粽子、裹糍粑，有淡淡的清香。

苹婆作为乡土树种，具生态适应性广、繁殖和遗传改良材料丰富等优势，广西已经把苹婆规划为极具长远开发潜力的木本粮食树种。

（三十二）青春之花——樱花

中文名 ‖ 樱花
拉丁学名 ‖ *Cerasus*
科 ‖ 蔷薇科
属 ‖ 樱属

樱花是蔷薇科樱属多种观花树种和杂交品种的统称，原产我国，栽培历史悠久，种类繁多，分布广，花色多样。树形优美，姿态舒展，初春繁花似锦，满园春色，夏季枝叶繁茂，绿荫如盖，秋季叶色由黄变红，秋意浓浓，是自古至今著名的观赏树木之一，被广泛应用于园林绿化。全国各地的赏樱主题景区不胜枚举。樱花盛开美不胜收，成为美丽中国的一部分。

据化石考证而知，野生的樱属植物在数百万年前诞生于喜马拉雅山脉，其起源演化中心在现今中国的西南部到喜马拉雅山一带。据日本权威著作《樱大鉴》记载，樱花原产于喜马拉雅山脉。被人工栽培后，这一物种逐步传入中国长江流域、西南地区及台湾。史料记载，2 500多年前的秦汉时期，官苑内已经种植樱花。盛唐时期，从宫苑到民舍田

志娟 摄

间，随处可见绚丽绽放的樱花，呈现华夏处处花团锦簇、五彩缤纷的盛世美景。当时已经流行"樱花节"，出游赏樱已成为百姓的幸福生活方式。盛唐时期万国来朝，日本崇拜者深慕中华文化之璀璨及樱花的种植和鉴赏，把樱花和建筑、服饰、茶艺、剑道等一并带回了东瀛。日本人种植樱花的历史才千余年，比中国晚1 000多年，但他们非常重视樱花品种的培育，培育出许多观赏价值高的樱花品种，闻名于世界。唐宋时期，吟诵樱花的诗歌700多首。唐代白居易有诗云"亦知官舍非吾宅，且劚山樱满院栽。上佐近来多五考，少应四度见花开"及"小园新种红樱树，闲绕花枝便当游"。元代张茂卿"樱花胜于声色"更是收录于明代编撰的《花史》中，广为流传。我国古代已经有钟花樱、垂枝樱、冬海棠、山樱、重瓣白樱花等多种观赏樱。湖北崇阳县龙泉山有万亩连片野生樱花林，为世界野生樱花林之最。

现今我国的樱花主要有：钟花樱（有"早樱花之母"之称，主要分布于福建和台湾，花瓣有淡红色、深红色，其变种有深红色的"中国红"、桃红色的"牡丹樱"、紫荆樱）、垂枝樱、冬樱花（变种：红花高盆樱）、华中樱桃、迎春樱桃、浙闽樱桃、尾叶樱桃、长线樱桃、

微毛樱桃、多毛樱桃、康定樱桃、崖樱桃、磐安樱桃、长尾毛柱樱桃、雾社樱花、本溪山樱、襄阳山樱花及广州研发的新品种广州樱、小乔樱、貂蝉樱、杨贵妃樱、西施樱、富贵樱等品系。此外，还有引进的日本樱花品种。这些樱花花色、花形和分布地域各异，多姿多彩，盛开时满树烂漫，如云似霞，极为壮观，美不胜收。

八重樱中的关山樱、大岛樱、吉野樱等品种的花瓣可食用，以关山樱口感最佳。当花朵开一半时采下，香味相对较浓，做出的食品色香味俱全，常用于制作樱花点心（糯米的外皮，豆沙的馅，中间夹樱花瓣）、樱花茶（用盐或醋腌制而成。用时开水冲泡即可，茶水色泽鲜艳）、樱花素面（将紫苏粉和樱花粉一起和面，做成的素面粉嫩剔透）、樱花酒（以花瓣泡酒，酒有芬芳味）、樱花寿司、樱花果冻和樱花冰激凌（以樱花为天然色素，色香味俱全）。

樱花树的叶、花、树皮、木材是传统的中药材，《天目山药用植物志》记载："山樱花的种仁具有透发麻疹之功效，用于治疗麻疹不透、麻疹内陷。"樱花提取物中含有樱花酵素，是护肤品的重要原料之一，因此，樱花有"青春之花"之誉。此外，山樱花木材常用于制作木质茶具和餐具，泡茶时可闻到樱花的香味。

因为樱花具有观赏、食用、药用、材用、护肤美容等用途，催生了涵盖樱花文化、樱花旅游、樱花园林绿化、樱花衍生产品（包括樱花食品、樱花化妆品、樱花饰品、樱花茶具等）等樱花产业。